（日）小石有华
（日）杉山明日香 编著
王春梅 译

HI, MY TEACHER! I WANT TO START TO DRINK WINE!

# 开始吧！

Introduction to wine
for beginners

# 一起品鉴葡萄酒

辽宁科学技术出版社
·沈阳·

## 01 序言

wine
哦！
葡萄酒呀！
好久没自己做饭吃了。
今天能早早回家喽！
购物
……
偶尔大手笔一下，买一瓶贵一点的红酒尝尝吧！
平……平时喝的那些，好像重口型的比较好喝……叫解百衲红葡萄酒（Cabernet）？
但总是同一款，没什么意思啊！
完全不知道应该怎么选

嘿嘿嘿嘿……
虽然只是做了烤牛排和煎蔬菜而已……
反正只有一个人。
小奢华的自斟自饮！
哎呀！就选这个了！
适当选购
倒是还有一只猫。
所以嘛
举杯
怎……
怎么是甜的？
干杯！
小酌
嗯，倒是不难喝，但不是我想要的……

啾
还是喝了一口。
不允许
失败！
看上去不错啊？
好不容易用心营造了比平时更豪华的晚餐！
平时只能喝点易拉罐的气泡酒。
感觉自己也是成熟女性了。
哈啊啊啊
但是不管怎么说，葡萄酒都还挺好喝的。
老板！
请给我来一杯○○○的○○○……
130%美化后的自己
比平时
好的
口感更涩一点儿最好。
欢迎光临！
去一家好一点儿的酒吧。

不错啊……
平时能喝点儿葡萄酒，比特别的日子还要更奢侈一点点。
嗯……
哎呀，今天买的葡萄酒……美国产？
嗖嗖~
好的！来了解一下这款新入葡萄酒吧！
葡萄酒的种类是……
读不懂……
得救啦！
哈！
我不是认识一个葡萄酒专家嘛！
有点醉了！

葡萄酒研究家
杉山明日香老师
我们只见过一次啊，
吓了一跳。
什么，
这是喝多了才给我
发短信吧！
葡萄酒的世界，
很有趣哦！
要是你对
葡萄酒感
兴趣，我
倒是挺高
兴的。
这个架势！
真的对
不起！
怎么这么
随随便便
就给专业
老师发了
短信啊？
砰 砰

当然，是那种便宜一点儿、哪儿都能买到的款式。
我希望，能学会如何根据自己的喜好挑选平时喝的葡萄酒！
1000日元的酒，就差不多吧。
嗯，这个嘛，倒是也可以。
作为葡萄酒研究家，活跃于各个领域，甚至还在补习班教数学呢。绝对是教育行业的专业人士。
但是最近还有很多价格便宜的品种。
越便宜越好？
啊！那些，就有点儿碰运气的成分在里面了。


※ 1000日元≈60元人民币

如果是船运进口的葡萄酒，会在旅途中经历60℃以上的舱内温度。

有时候到了国内，葡萄酒的口感已经变了……

另外，就算途中的温度管控还不错，还要缴纳运费和其他税金、仓库保管费等。大多数情况下，一瓶葡萄酒的价格怎么也要超过1000日元。

1000多日元的
葡萄酒
也有很多啊！
1600 1500 1200 1980
选择对的葡萄酒的捷径，是从1000日元以上的种类里挑选！原来如此！
但是……
葡萄酒也分红葡萄酒和白葡萄酒，产地也遍布全世界。葡萄的种类林林总总……
啊，别着急。
多到我都快要分不清哪些是国家名，哪些是葡萄种类名了。

有没有就算不费心研究……
关于葡萄酒的书也有好多好多。
也能找到符合自己口味的葡萄酒的简单方法呢？
1000日元也是钱！
但是我不想失败啊！
唠唠
叨叨
唠唠
原来葡萄酒的世界还是太复杂啊！我地理什么的也不太好，就没有什么简单的方法？
与其说学习，不如来享受品酒的过程，这样就足够了……
哎！

也不是，其实还是有办法的。
选择好喝的葡萄酒，有两个窍门。
要背诵，但少到无限接近没有。
不用背诵？
啊，有的啊！
就是——抓住——
品种和产地
这两点！

contents

# 目录

CHAPTER

第1章

## 葡萄酒基础



CHAPTER

第2章

## 在品鉴和比较的过程中了解自己的偏好

CHAPTER
第3章

# 发现理想葡萄酒的方法



CHAPTER
第4章

# 葡萄酒和料理搭配出的幸福味道!

CHAPTER
第5章

# 还要继续！在家里享受品鉴葡萄酒的乐趣!



CHAPTER
第6章

# 试试在酒吧里点葡萄酒吧!

## 小专栏

CHAPTER

# 第1章

# 葡萄酒基础

## 01 说来说去，葡萄酒是怎么酿造出来的呢？

最重要的是，要
大概了解葡萄酒
的味道和香气。
嗯嗯
话虽如此，但
一味学习肯定
有点儿枯燥，
让我们一边喝
一边聊吧。
哇！
可以喝葡萄
酒哇！
在此之前，有
个小问题……
哦……
你知道葡萄
酒的酿造方
法吗？
把葡萄搅碎，然
后发酵？
就差一点儿！
葡萄需要搅
拌，直接发
酵制作成葡
萄酒即可。
这才是
正确答
案！

小知识　在葡萄酒当中，有气泡的种类叫作“发泡酒”，没有气泡的普通款式则为包含了红葡萄酒、白葡萄酒、桃红葡萄酒的静态葡萄酒（still wine）。

葡萄中的糖分转变为酒精和二氧化碳。
葡萄的糖分
酒精发酵
酒精
二氧化碳
不添加水分
其特征是葡萄自身的水分就成了葡萄酒。
红葡萄酒和白葡萄酒的制作方法有所差异。
哦！我都不知道！
虽然同为酿造酒，但啤酒和日本清酒的原材料是大麦或大米。原本不含水分，所以还需要另外添加水分。
首先，葡萄本身就不一样。
白葡萄酒则是用白葡萄酿造的。
竟然不是红葡萄啊！
红葡萄酒选用黑葡萄酿造。

小知识　除此之外，还有用通过向蒸馏酒中添加“强化酒（Fortified wine）”或草药等，用来增加香气的“加香葡萄酒（Flavored wine）”。

白葡萄酒酿造概要
完成！
发酵
搅碎白葡萄。
取出皮和籽，使其酒精发酵。
红葡萄酒酿造概要
搅碎黑葡萄。
使其酒精发酵。
以后取出皮和籽。
取出
发酵
皮和籽也一起搅碎。
皮和籽会浮到上面来，搅拌之后再让它们重新浸入酒中。
最大的区别在于，白葡萄酒发酵前要取出皮和籽。
所以味道清爽，口感柔和。

## 02 在熟成工序中发生的味道演变

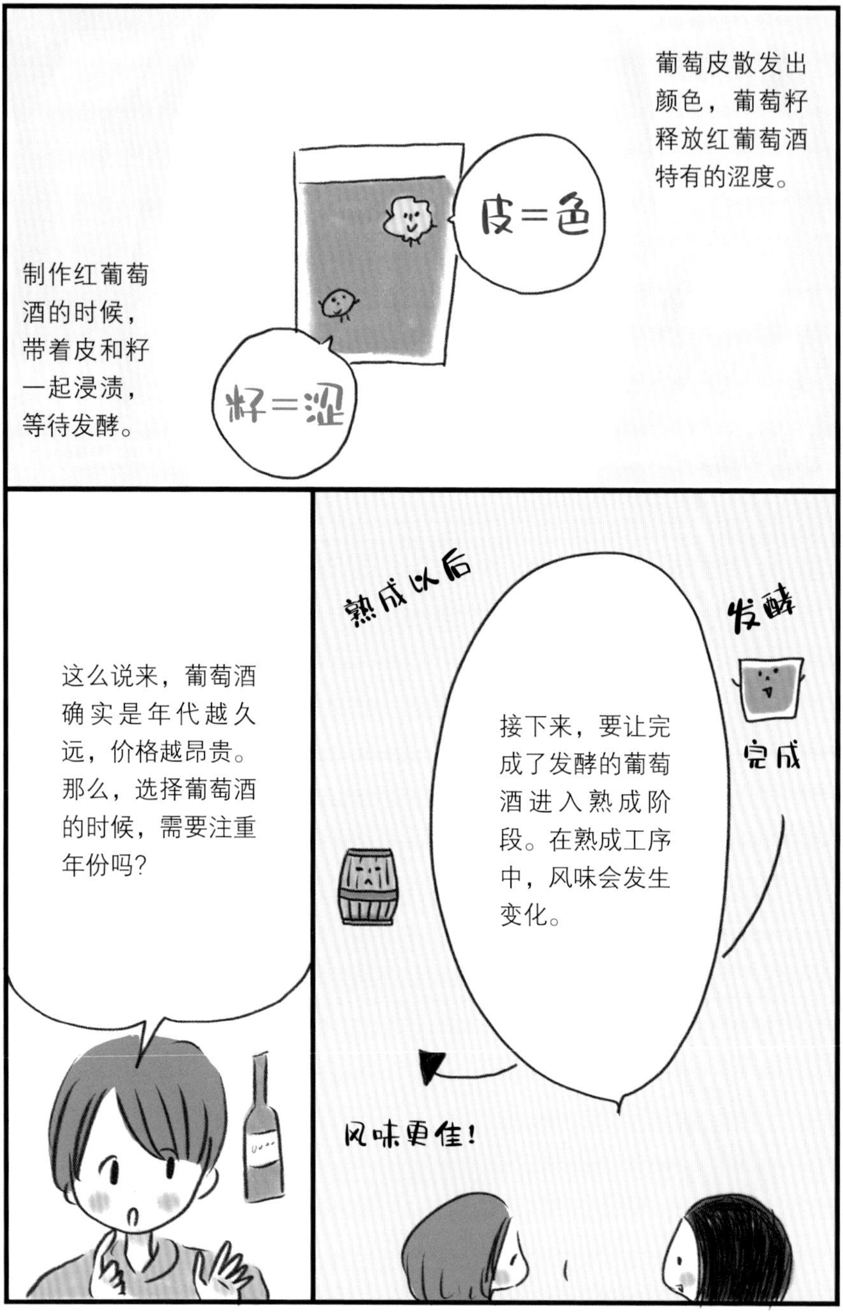


小知识　红葡萄酒的发酵温度为30℃左右，白葡萄酒为20℃左右。发酵温度越高，酵母的活动就越活跃，更容易激发出葡萄皮和葡萄籽的成分。

有一些葡萄酒，具备越熟成越美味的潜力。而另一些葡萄酒，则会在酿成后3年左右迎来味道巅峰。其次，就是品鉴年份了……
10年
3年
再熟成一段时间吧。
年份短的白葡萄酒更好喝。
不一定越久远的葡萄酒就越好喝。
葡萄酒味道的巅峰时期各有不同!
也就是说，根据年份选酒这件事儿，只适合高阶选手来操作。
所以，你只要记住这个就好了！
现在用的不也是木桶吗?
桶?
对啊，就是用来熟成和保存葡萄酒的酒桶。
啊！你应该了解一下酒桶的信息。

葡萄酒的色泽和香气不仅来自葡萄，其实也受到酒桶的影响。
有一些葡萄酒是用不锈钢酒桶酿造的，这种情况下影响要少很多。
影响
在酒桶中停留的时间
3年 2年 1年
在酒桶中停留2年、3年以后，酒桶的色泽和香气也会传递到酒里。
嗯
如果你在品酒的时候留意一下，就能感受到在酒桶中保存过的香气更浓、色泽更深。
哦，还真的没有意识到。
酒桶保存
色醇
香浓
= Power UP!!
会受到酒桶的影响啊！
色泽和气味。
就像涩味和酒桶的香气这些，葡萄酒的制造方法会对味道产生直接的影响。
制造方法
涩味 香气
嗯哼！
但是香气，还是挺难分辨的。
只要有意识地去品尝，一定能分辨出来啊。
我可没有那样的鼻子。
正是如此。
要是这么想……
还真是挺复杂的。

小知识

对于白葡萄酒来说，香气的重要程度要比红葡萄酒更高。为了避免香气挥发，白葡萄酒的发酵温度通常比红葡萄酒更低。

# 全世界的葡萄酒消耗量有多少？

在葡萄酒的世界中，有一个叫作葡萄酒机构（OIV）的组织，这里负责统计每年与葡萄酒相关的数据，并进行信息公开。我们现在就介绍一下这个组织在 2019 年公开的部分数据。

2018 年，全世界的葡萄酒生产量大概有 3 亿 hL（h= hectoliter，用来表示 100 倍的单位，所以 3 亿 hL=300 亿升）。其中，生产量位居世界第一的国家是意大利，第二是法国。意大利和法国逐年交替，稳居年度葡萄酒产量的冠军和亚军，而这两个国家葡萄酒产量的合计可以占到全世界的 1/3 左右。位居第三的是西班牙。包括西班牙在内，这三个国家均为世界范围的葡萄酒生产大国。第四位是美国，紧随其后的是阿根廷、智利、澳大利亚。第八位是德国，第九位是南非。非常让人震惊的是，第十位竟然是中国。大家可能对中国的葡萄酒没有什么概念吧？其实近几年，中国生产葡萄酒的势头相当迅猛。

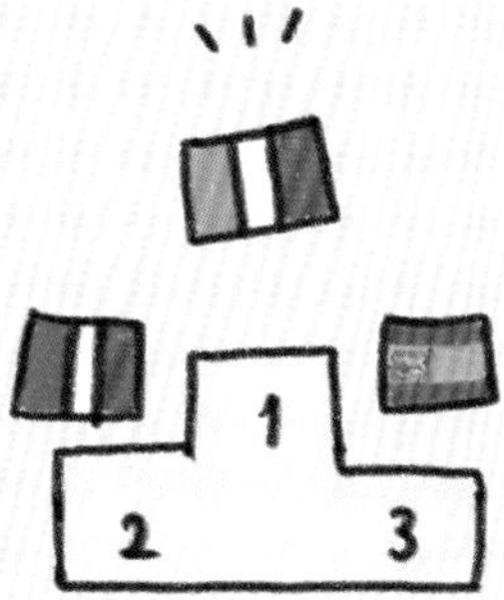


接下来，我们看看消费量吧！在过去的 5 年中，位居葡萄酒消费量第一的是美国，第二是法国，第三是意大利，第四是德国。在地域辽阔的美国，可以生产葡萄酒的地区相对有限，但是消费量却稳稳地占据第一的位置。第二位是法国，它的人口虽然只有美国的 1/5，但是人均葡萄酒消费量竟然达到了美国人均水平的 5 倍，不愧是“葡萄酒的国度”！第三位是中国，其次是英国和俄罗斯。

# 关于法国的葡萄酒产地

作为葡萄酒的代表国，首先能想到的就是法国。当中最负盛名的地方当属波尔多和勃艮第这两个酿酒大区。就算是没什么饮酒习惯的人，也应该听说过这两个地方。

在法国，葡萄酒产地可以大致分为 10 个地区。每个地区都根据各自的气候和土壤栽培不同品种的葡萄，然后酿造不同风格的葡萄酒。接下来，我们就看看简化版产地介绍名录吧。

① 香槟区

作为气泡酒的代名词，这里生产的香槟酒美名远扬，洋溢着充满高级感的小泡泡。香槟区，是位于法国最北部的葡萄酒产地，气候凉爽，不能保证每一年的葡萄产量都处于稳定的状态，因此把年份收成有所差异的葡萄酒定位到一个新品牌，开发出了气泡酒的酿造方法。

② 阿尔萨斯区

位于法国东北部，与德国交界的地方。作为著名的白葡萄酒产地，种植着很多在德国也很常见的雷司令和琼瑶浆品种。

③ 卢瓦尔河谷区

位于法国西北部，这里有一条全长超过 1000 千米的卢瓦尔河，是法国最长的河流。而葡萄酒产地就在卢瓦尔河的沿岸。因为地理位置横贯东西，所以虽为同一产地，但气候和土壤有所差异，可以酿造出个性丰富的葡萄酒。

④ 勃艮第区

位于法国东北部，是与波尔多齐名的酿酒胜地。气候凉爽，土壤中的矿物质丰富，可以酿造出味道清凛的红葡萄酒（以黑皮诺为中心）和白葡萄酒（以霞多丽为中心）。作为高级红葡萄酒的代名词，无论是罗曼尼·康迪（Romanée-Conti），还是博若莱新酿干红葡萄酒（ Beaujolais Nouveau）等，很多著名的葡萄酒都产自这里。

⑤ 汝拉 / 萨瓦 (Jura/Savoie) 区

位于法国与瑞士交界处的汝拉山脉南侧，地域辽阔。除了通常的葡萄酒以外，这里还能以当地独有的方法酿造黄葡萄酒（Vin jaune）和药酒（Van de Paille）等。

⑥ 波尔多区

位于法国西南部，盛产以赤霞珠（Cabernet Sauvignon) 和梅洛（Merlot）为中心的口感硬朗的红葡萄酒。以拉图酒庄 (Château Latour) 、玛歌酒庄（Chateau Margaux）为首的“五大酒庄”享誉世界。

⑦ 西南区

位于从波尔多区东部起，到位于西班牙国境线处的比利牛斯山脉一带。这里最有名的产品就是被称为“黑色葡萄酒”的浓厚红葡萄酒卡奥尔 (Cahors) 。

⑧ 朗格多克 – 鲁西荣区

位于地中海沿岸，地域辽阔，是法国最大的葡萄酒产地。除红葡萄酒、桃红葡萄酒和白葡萄酒以外，还盛产天然甜口葡萄酒（Van due Naturel）、利口酒（Van de liqueur）等酒精含量较高的强化葡萄酒。

⑨ 罗讷河谷区

位于法国南部，地处贯穿南北的罗讷河两岸，面积辽阔。北部酿造以西拉为中心的红葡萄酒，南部酿造以歌海娜 (Grenache) 为中心的红葡萄酒。

⑩ 普罗旺斯、科西嘉岛

普罗旺斯是一个位于地中海沿岸的产地，涵盖马赛（Marseille）、尼斯等地区，是法国最大的桃红葡萄酒产地。从地理位置上来说，科西嘉岛距离意大利要比距离法国更近，所以受到了很多意大利文化的影响。

# 法国葡萄酒地图

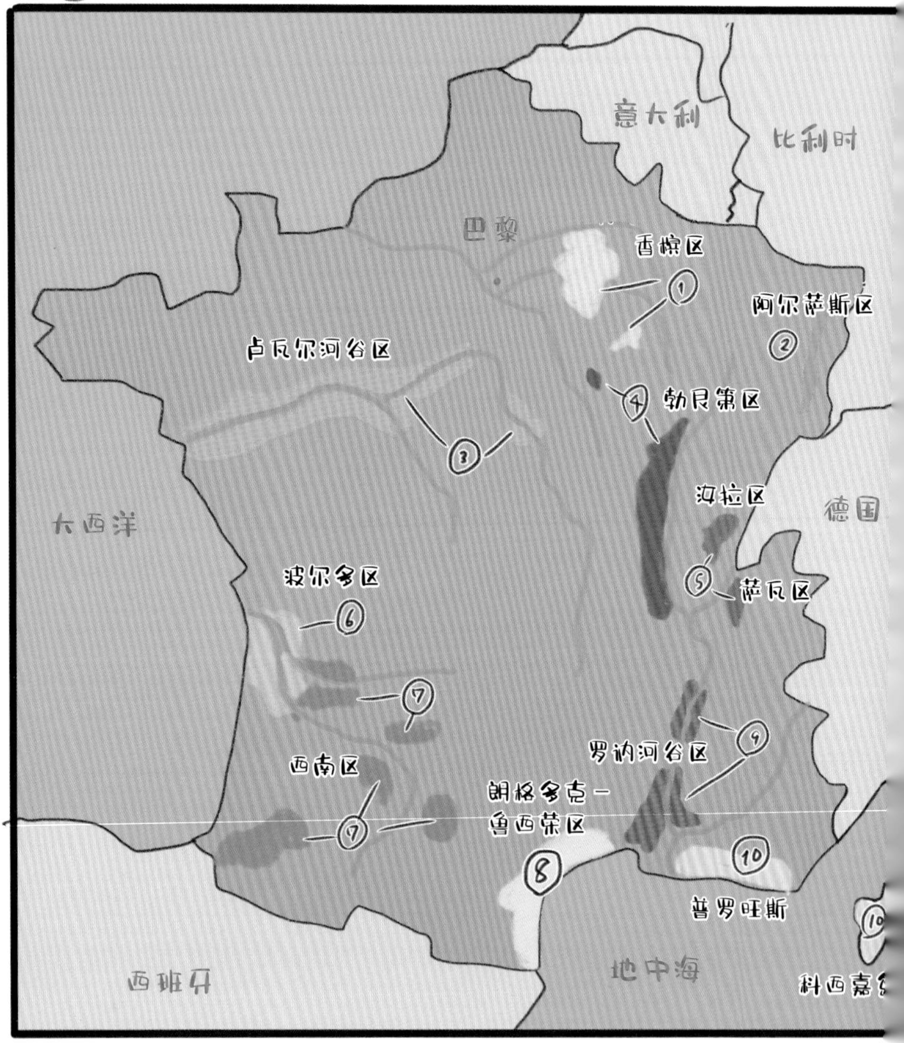
意大利
比利时
巴黎
香槟区
阿尔萨斯区
卢瓦尔河谷区
勃艮第区
汝拉区
德国
大西洋
波尔多区
萨瓦区
西南区
罗讷河谷区
朗格多克-
鲁西荣区
普罗旺斯
西班牙
地中海
科西嘉

CHAPTER

# 第2章

# 在品鉴和比较的过程中了解自己的偏好

# 01 简单！ 3步品鉴法则

根据不同的酿造工艺和熟成方法，葡萄酒有很多不同的口味。
记录
那……
大概的葡萄酒酿造方法说明OK了吧。
这下可长知识了！
那么，开始下一节课吧。
基础知识差不多就这样了。
为了掌握葡萄酒的特征，让我们一边品鉴，一边尝尝这3种白葡萄酒吧。
稍后告诉你品种。
1
2
3

至于我的味觉嘛……有可能是……
不过……
就是漫画里面侍酒师做的那种事情？
哦
品鉴葡萄酒？！
只要喜欢喝酒，就没问题啊！
需要注意的地方就只有“香气”和“味道”而已。
没关系！
只要 3 步就 OK！
了解“味道”和“香气”的 3 个步骤
步骤 1
感受香气
闻闻
步骤 2
喝它一大口
首先
步骤 3
鼓起嘴巴咕嘟咕嘟
接下来
咕嘟
咕嘟
然后把感觉到的香气和味道写在表格里。

# 白葡萄酒

品鉴表格

| | |
|---|---|
| 品种 | |
| 产地 | |
| 香气 | 青柠　柠檬　葡萄柚　苹果<br>洋梨　白桃　荔枝　杏<br>菠萝　百香果<br>蜜瓜　香蕉　白玫瑰　金桂　薄荷<br>吐司　坚果　香草　香烟　石灰　贝壳<br>白胡椒　香菜　肉桂　黄油　花蜜 |
| 酸味 | 锋利的　紧致的　清爽的　温柔的 |
| 果实味 | 丰富的　紧实的　柔软的　温柔的 |
| 感想 | (例)<br>清淡爽口的印象，易于饮用<br>芳香四溢，果味浓郁，口感丰富<br>…… |

根据直觉，选择 3 项画圈。
就算这里没有的香气也可以！
香气有这么多种类啊！
心动

## 首先来享受一下香味吧

1
闻一闻
2
嗯
3
嗯？？
但又好像哪里不对。
对，就是白葡萄酒的味道和香气。
嗯～
怎么样?
最初的香气。
写太多了，自己都混乱了。
啊，香气已经分辨不出来了吗?

自己身上的气味是最自然的香味，所以可以先闻一闻自己手腕的气味！
闻闻
重新回味香气的时候……
加油！
从①开始！
复位成功！
好啦！
哦！
青苹果？！
哈
清爽的……这是森林？
嗯，青……青……

鼓掌
啊，闻到了青苹果的味道。
然后是青柠！
对的对的，还有柑橘、柠檬那些绿色系的香气。
还有石灰吧！
石灰？
吸气
闻不出来。
没关系，慢慢就闻出来了。
接下来的②是白桃和洋梨的香气，比①要甜一些。
了不起，一杯葡萄酒里面就能有这么多的香气……
?
最后是③。
啊，稍等一下！
让我再试一试

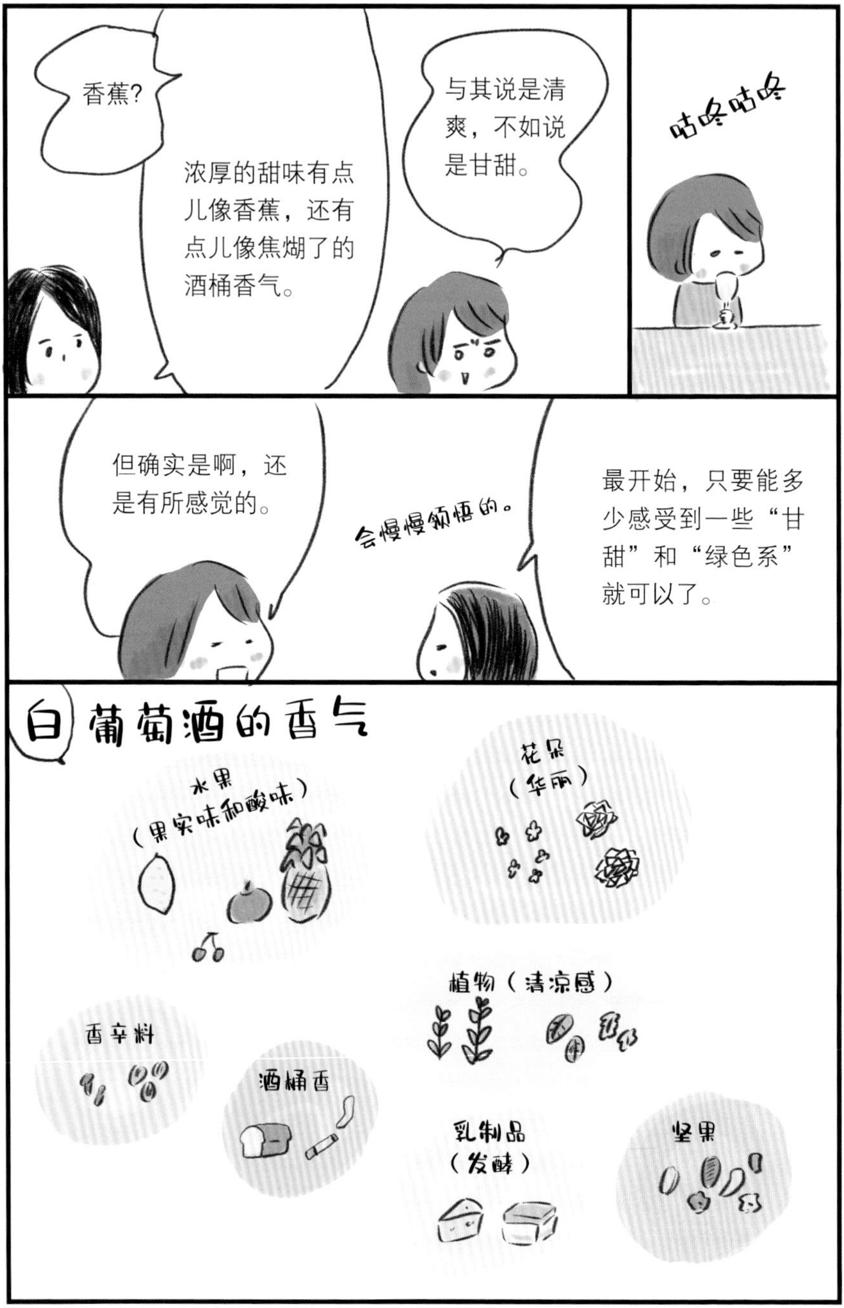

香蕉?
浓厚的甜味有点儿像香蕉，还有点儿像焦煳了的酒桶香气。
与其说是清爽，不如说是甘甜。
咕咚咕咚
但确实是啊，还是有所感觉的。
会慢慢领悟的。
最开始，只要能多少感受到一些“甘甜”和“绿色系”就可以了。
白葡萄酒的香气
水果（果实味和酸味）
花朵（华丽）
植物（清凉感）
香辛料
酒桶香
乳制品（发酵）
坚果


小知识　在法语中，葡萄酒的标签叫作“etiquette”。上面除了记录原产地和生产者姓名外，还会记录收获年份与酒精含量等内容。

03

## 味道是由“酸味”与“果实味”来决定的

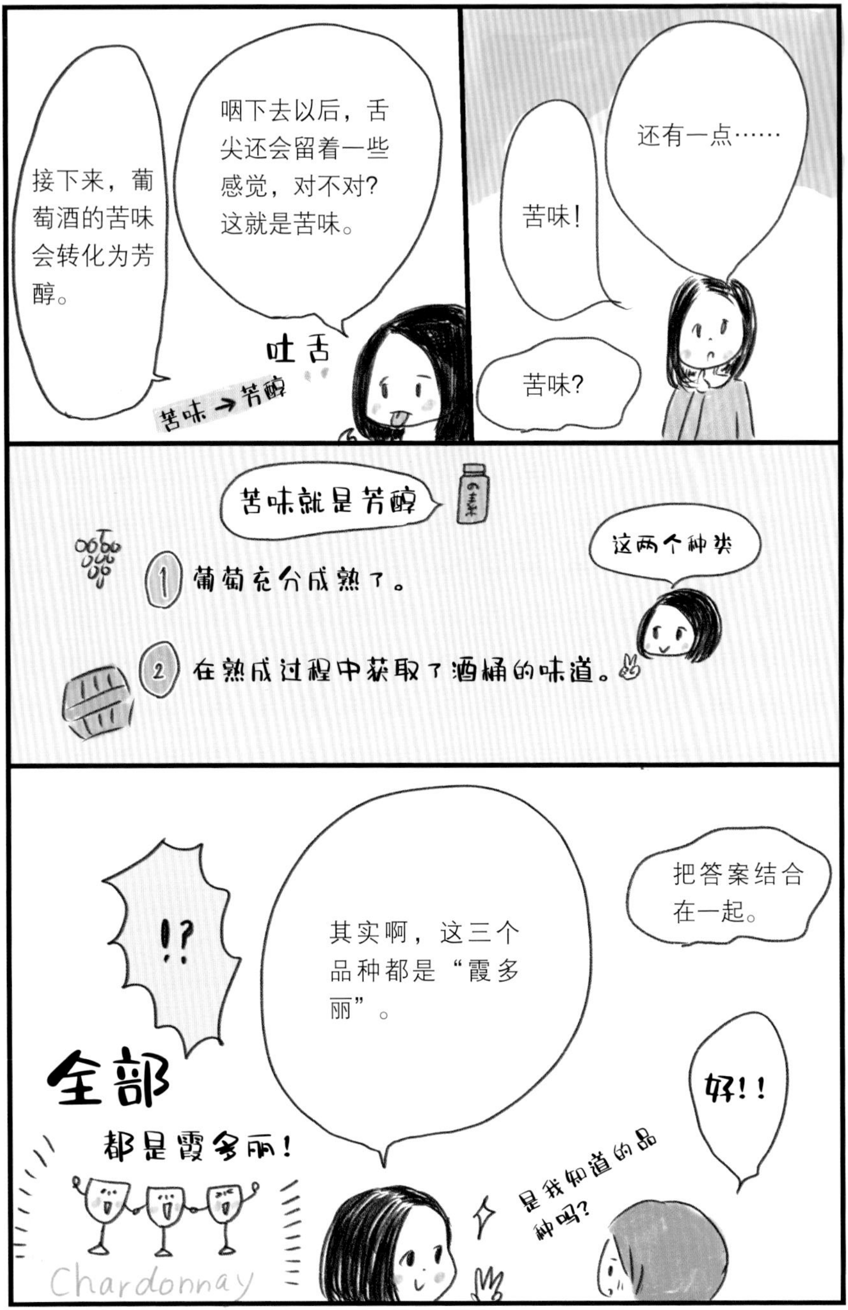

咽下去以后，舌尖还会留着一些感觉，对不对？这就是苦味。
接下来，葡萄酒的苦味会转化为芳醇。
吐舌
苦味→芳醇
苦味？
苦味！
还有一点……
苦味就是芳醇
这两个种类
1 葡萄充分成熟了。
2 在熟成过程中获取了酒桶的味道。
!?
其实啊，这三个品种都是“霞多丽”。
把答案结合在一起。
好!!
是我知道的品种吗?
全部
都是霞多丽！
Chardonnay

## 04 产地的变化会导致味道也发生变化

小知识

霞多丽，是原产自法国勃艮第地区的知名国际品牌。从霞多丽开始学习葡萄酒品鉴，可以根据其强烈的酸味和果实味来了解自己的偏好特征。

霞多丽先生?
啊，对不起。我是把白葡萄酒当成男生来举例子的。
霞多丽先生啊，生在什么地方，味道就会长成那个地方的样子。就是“生在这里、长在这里”的那种质朴的孩子。
生在这里
长在这里
这……这样的感觉?
是吧!
啊!
为什么有种莫名的心动?
霞多丽先生
有贝壳的土壤。
咚咚咚
也
根据气候变化的随心变换的自由男子。
没什么特征。

小知识　培育葡萄的土壤和气候被叫作“风土（Terroir）”。葡萄品种的特征很少体现在霞多丽当中，所以更容易感受到风土的影响。

# 葡萄酒的味道取决于品种、产地

| ① | ② | ③ |
|---|---|---|
| 青柠等的柑橘香气。有青苹果般的果实味，特征是清凛的酸味和矿物质感。 | 柠檬般的柑橘香。有一种苹果、洋梨、桃子那样的柔和果实味。特征是恰到好处的酸味和矿物质感。 | 拥有热带水果系的香味和来自酒桶的椰香。特征是浓郁的果实味。 |

品种　霞多丽

＋　＋　＋

| 产地 | 法国<br>勃艮第区<br>夏布利 | 法国<br>勃艮第区 | 美国<br>加利福尼亚州 |
|---|---|---|---|

＝　＝　＝

强劲有力！！　口感均衡！！　清凛爽口！！

## 05 个性丰富的白葡萄酒

这……这是什么啊！是那种身心都受到了洗礼的感觉！
嗯！
哈！
但随之而来的是这种感觉……
苹果
绿色
甜
啪
贝壳
嗖
酸
苦
嗖
脑内
最初的感觉，好像就只有“这是葡萄酒”而已。
小小一杯就有如此丰富的感受。
嗯
不过就是1000日元的波尔多而已啊！不可思议吧！
莫非是非常高级的葡萄酒？
便宜着呢！

## 06 红葡萄酒比白葡萄酒更复杂？

这是红葡萄酒的香气一览表。
咝啦
嗯，还有一张表格。
再接下来，让我们尝尝红葡萄酒吧！
莓系？花朵系？
吼吼吼
原来如此！
干花、香草、肉桂……
呀
完全不同呀！
红葡萄酒比白葡萄酒经历了更长的熟成期，这让各种各样的要素融合在了一起。
例如酒桶的差异，就是一个比较好理解的要素。
使用不同国家的酒桶，会让葡萄酒的味道发生变化。酒桶看起来好像都一样，但有的原材料是法国橡木，这能让葡萄酒的味道变得上乘而细腻。还有的酒桶选用美国橡木，这能让葡萄酒的味道像椰子一样甘甜柔美。

**小知识** 红葡萄酒的香味多用水果来表示，例如树莓、野草莓、蓝莓、黑加仑、车厘子等，大多数都与葡萄酒的颜色相对应。

# 红葡萄酒

品鉴表格

| | |
|---|---|
| 品种 | |
| 产地 | |
| 香气 | 草莓　树莓　蓝莓　黑加仑<br>车厘子　梅子干　青椒　玫瑰<br>紫罗兰　月桂叶　杉木　干花　烟草<br>红茶　蘑菇　腐叶土　鞣制皮革<br>咖啡　巧克力　香草　黑胡椒　肉桂 |
| 酸味 | 强有力的　紧致的　清新的　柔和的 |
| 果实味 | 丰富的　紧致的　柔和的　温柔的 |
| 涩味 | 强有力的　紧致的　泡沫细腻的　飒爽飘逸的 |
| 感想 | （例）<br>口感轻盈，有令人心旷神怡的酸味，喝起来很爽口，<br>明显的果实味和丹宁味，口感厚重 |

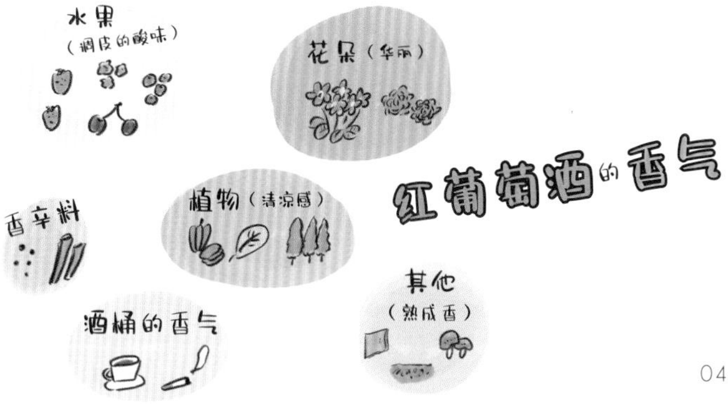

## 07 红葡萄酒的精髓在于白葡萄酒中没有的“涩味”

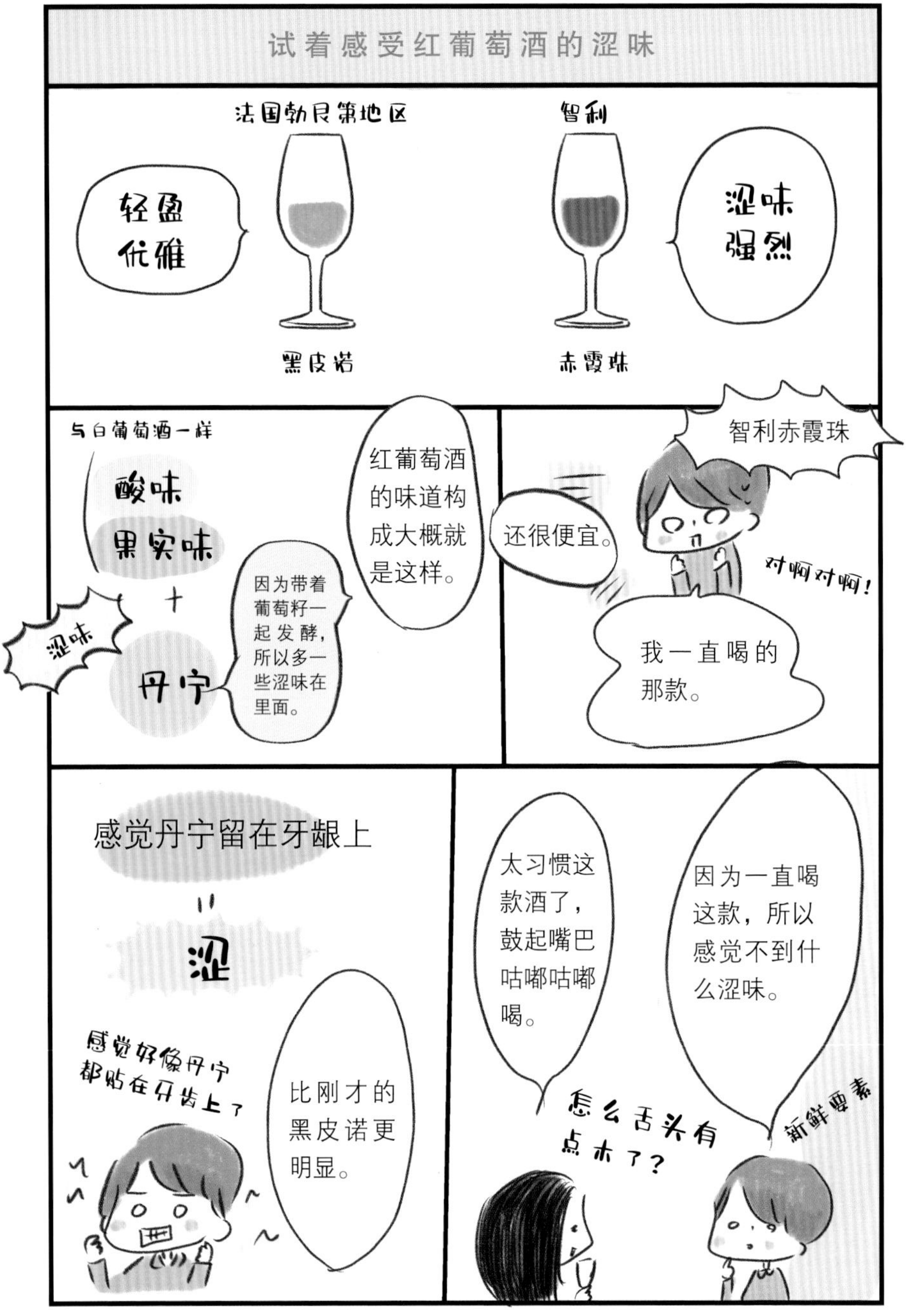


**小知识** 大多数的情况下，都可以用亮丽的琥珀色和树莓红色来描述黑皮诺。在红葡萄酒当中，黑皮诺属于色泽明亮、澄清的款式。

比较一下产地差异
法国波尔多区
智利
酸味明显
果实味更浓
赤霞珠
长相思
一直喝的都是智利的赤霞珠，价格是可以接受的。
嗯，多少有点不一样。
哪里不一样呢?
即使品种一样。
说来，葡萄酒的产地可以分为old world（旧世界）和new world（新世界）两种。
法国旧世界
智利新世界
哦，变成高品位人士了。
不好意思啊，我还是更喜欢法国的赤霞珠!
智利抱歉！！
哦
欢迎

08

# 葡萄酒的产地可以被分成两个种类

## 旧世界与新世界的特征

旧世界（old world）

- 始于公元前6000年左右
- 生产成本高
- 质地上乘、价格高

法国、
意大利、
西班牙、
德国等以欧洲为中心的国家

新世界（new world）

- 19世纪50年代以后开始栽培葡萄
- 生产成本低
- 内含丰富物质、性价比高

美国、
澳大利亚、
新西兰、
智利等欧洲以外的国家

选择相同品种的葡萄酒时，只要知道是哪个国家生产的，就能对味道有个大概的把握了。

除了这些之外，旧世界的葡萄酒要比新世界的葡萄酒有更强烈的果实味。

旧世界　果实味　新世界

弱 <<<<<<<< 强

小知识　记录在葡萄酒标签上的年份，是收获葡萄原材料的年份，英文叫作“Vintage”，法语叫作“Milesime”。

## 09 品鉴和比较，是寻觅到美味葡萄酒的捷径

制造酒桶的时候，有一个烧焦木头的工序，烧焦的方法和深浅程度会影响酒桶的气味和味道。
使用木桶酿造的时候。
还有，刚才也说了，酒桶非常重要。
恰到好处。
对！红葡萄酒比白葡萄酒的工艺更复杂，酿造起来要难一些。
真是没少花功夫啊！
不简单
哦……所有的工序都会影响酒桶的气味和味道。
首先，应该先弄清楚自己的喜好！
所以，建议在品尝和比较的时候留心一下国家和品种的不同。
然后再去选择购买。

小知识

在熟成的过程中，葡萄酒通过酒桶慢慢地与空气融合，形成柔和的酸味和涩味。然后，香气会比酒桶的风味更加丰富。熟成以后的红葡萄酒，会拥有更加丰富的个性和味道，这也是红葡萄酒的妙处所在。

嗯嗯嗯……
我的喜好啊！赤霞珠就挺好的。
最喜欢的嘛，有可能是法国的西拉。
旧世界的品位觉醒了吗？
确实是变成高品位人士了啊！
呀！
话说回来，这个多少钱？
3000 日元左右。
稍微有点儿贵！

# 葡萄酒的香味“Aroma”是什么呢？

有些葡萄酒的香气如此美妙，以至于让人们忘了去品尝。

关于香气的信息有很多，通过对这些信息进行分析，我们不仅可以了解葡萄品种的特征，还可以了解种植土壤的个性、酿造方法、成熟度等，这是一个非常重要的因素。

首先，我们应该了解的词汇是“第一香气”和“第二香气”。“Aroma”在法语中意为“芬芳”，第一香气是指“源自葡萄本身的各种特色气味”。主要有水果香气、花香气、香料香气等。在法国的黑皮诺（Pino Noir）中，第一香气类似于树莓、覆盆子和蓝莓一样，这是该品种独有的香气。其次，第二香气是指“在发酵阶段产生的香气”。典型的例子包括通过特定酿造方法获得的糖果味、银杏味和香蕉味。有些情况下，甚至可能会表现为杏仁豆腐和淡奶油的味道。通过感知第二香气，可以在某种程度上推测出葡萄酒经历了什么样的酿造过程。

此外，还存在“第三香气”。这是熟成过程中出现的气味。例如使用的是新酒桶还是旧酒桶，酒桶木材经历了什么程度的焦烧（烤制），法国橡木还是美国橡木……具体来说，第三香气中具有香草味、烘烤和香料的味道。

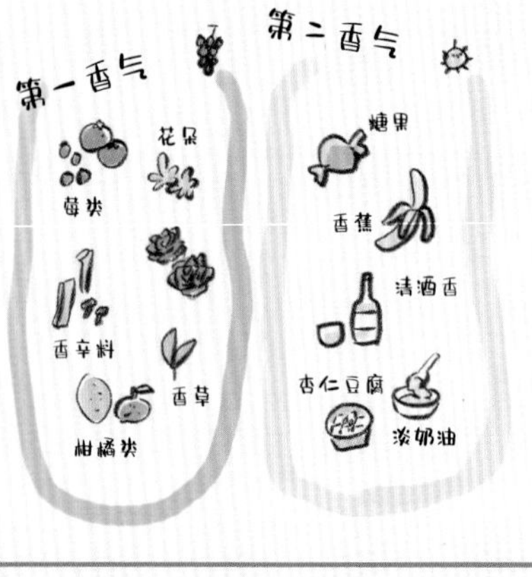


此外，第一香气会随着时间的流逝而变化，并与其他元素复杂地结合在一起，创造出一种叫作“花束（Bouquet）”的奇妙香气。有时候我们用晒黑的皮肤、发霉的叶子或松露之类的词来描述这种气味。也许这就是有人感叹“葡萄酒品鉴可真难啊”的原因之一吧。

无论如何，多多品鉴是最重要的！如果您逐渐对气味敏感起来，那么一定能够感受到各种气味元素的有趣之处！

# 为什么葡萄酒酿造工艺传遍了整个世界？

近来，用日本本土栽培的葡萄在日本酿造的“日本酒”已变得流行，并且现在世界上许多国家都在生产葡萄酒。

葡萄酒的历史非常悠久，据说格鲁吉亚是“葡萄酒酿造的发源地”。在古希腊时期，葡萄酒在宗教仪式中起着重要作用。

但在当时，葡萄酒仅用于非常有限和特殊的地方，例如谈论哲学的场所等。直到后来，葡萄酒才成为一种流行的奢侈品。

同样，说到葡萄酒，人们一定会联想到法国、意大利、西班牙、德国等欧洲国家。的确，这些国家的葡萄酒的酿造文化源远流长，而酿造业也已经扎根于这些旧世界国家中。

至于背后的原因，其实是为了传播基督教。那个时代的政客们建议修道院和教堂酿造葡萄酒，然后与布道工作一起传播。说来，这时候已经是 8 世纪之后了。

大航海时代之后，基督教传入美洲和南半球，与此同时，葡萄种植和酿酒方法也传入这些地区。也就是说，伴随着新大陆的发现，葡萄酒的新世界也由此诞生。

旧世界主要覆盖了欧洲国家。新世界则是以美国、澳大利亚、新西兰、阿根廷、智利等代表的产区，但即使被称为“新世界”，这些国家的葡萄酒历史也已经超过 200 年。但毕竟旧世界的历史可以追溯到公元前，相比之下也只能说这些地方属于新世界。

橙色：旧世界　红色：新世界

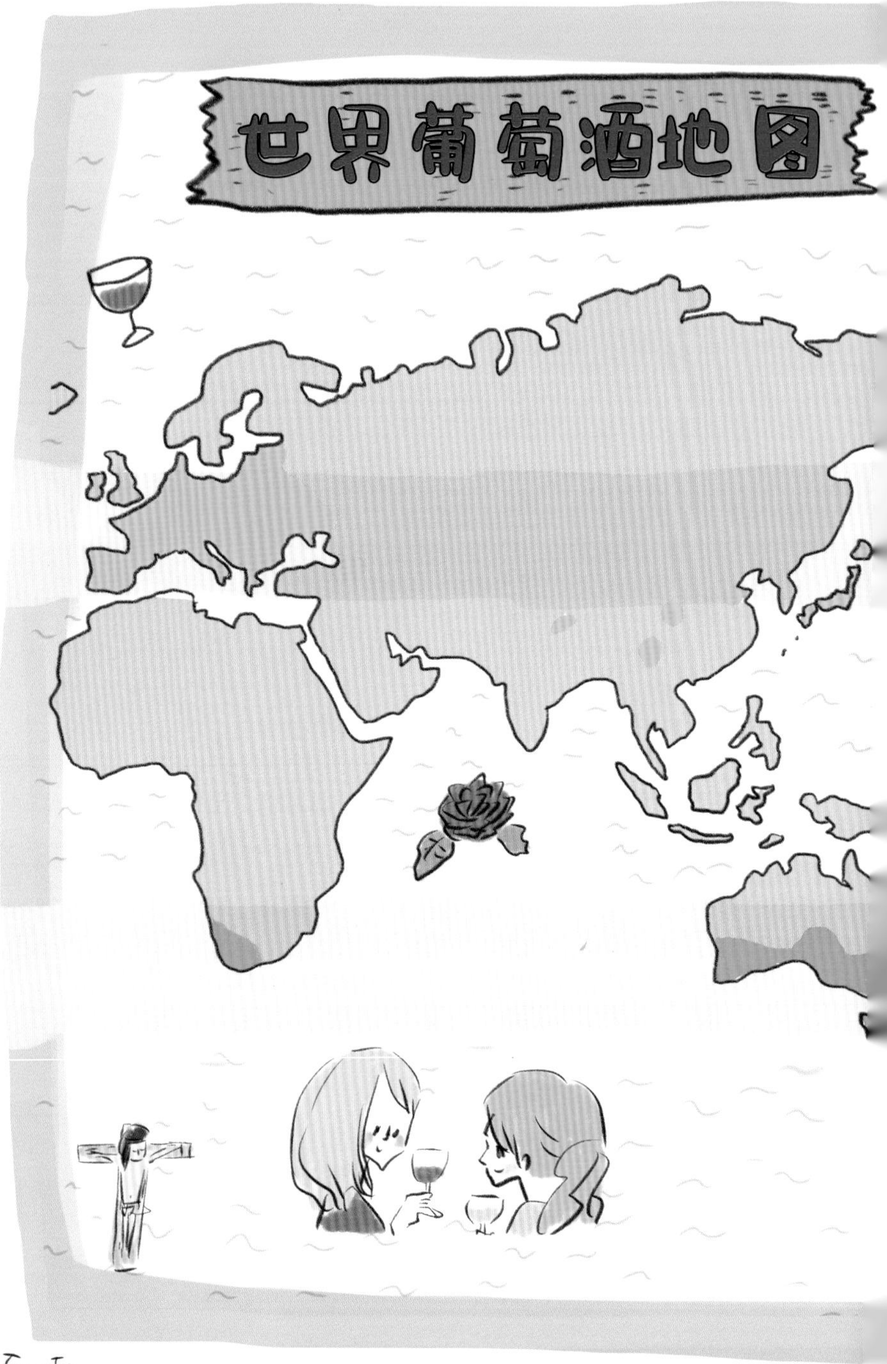


葡萄酒带（北纬 30° ~50°，南纬 30° ~50°）：适合栽培葡萄酒用葡萄的区域。

CHAPTER

第3章

# 发现理想
# 葡萄酒的方法

# 01 葡萄酒的种类多到无从下手！

小知识 标签上常见的“chatear= 法语中的城堡”和“domaine= 法语中的领土主人”，指的都是栽培葡萄的葡萄酒生产者。

哎哟，真是好学生！
会有这样的事情吧！
品种太多，选都不知道怎么选！
嘿嘿嘿
最后买了跟平常一样的葡萄酒，倒是也挺好喝。
智利赤霞珠
品种和产地也多到根本记不过来！
我不想全文背诵！
我以为已经了解自己的偏好了……
可是就连应该买什么葡萄酒都……
说来，葡萄酒的味道是由品种和产地决定的，可是……

02

## 选对符合自己偏好的葡萄酒的两个要点

选择葡萄酒的两个重点
① 从3个基本款中选择喜欢的种类
3个基本款
霞多丽
雷司令
长相思
3款
白葡萄酒。
就是上次品酒的时候比较的那3个品种。
3款红葡萄酒
黑皮诺
赤霞珠
西拉
啊
常喝不厌的那几个。
无论去什么样的店，都会有这3款酒，所以基本上就只要记住它们就好了。
从这里面选择自己最喜欢的
然后呢?
其实，有代表性的葡萄酒就是这3种。

小知识 雪莉酒和波特酒都被称为强化酒。其中添加了蒸馏酒，味道浓厚，保存性高。

新世界的土地辽阔，人工成本低，所以能够大规模地开展葡萄酒酿造工艺。在相同价位的条件下，新世界产的葡萄酒当中更容易出现优质产品。
所以啊，这些品种汇总到一起。
就是这个笔记本里的内容。
啊！所以才有这个笔记本！
不可以拷贝哦，明天之前记在脑袋里吧！
没信心啊！
嘿嘿嘿，开玩笑呢。
好的
笑眯眯

# 基本的葡萄品种清单

## 霞多丽 Chardonnay

没有异味，入口轻盈

法国 勃艮第区

OLD

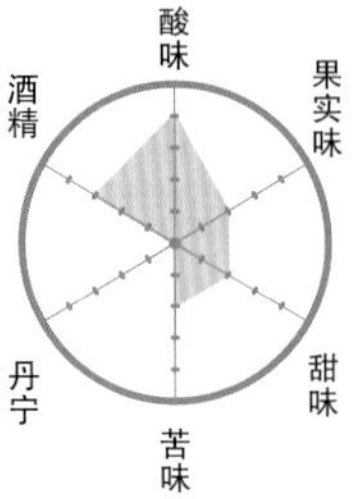


**推荐品类**

| | |
|---|---|
| 商品名 | Henry de Boursaulx Chablis |
| 产地 | 法国　勃艮第区 |
| 生产者 | Henry de Boursaulx |
| 价位 | ★★ |

产于较为凉爽的勃艮第地区的霞多丽，大多数口感轻盈，没有异味。其中最为著名的霞多丽产地是位于勃艮第最北部的夏布利地区。是一款酸味清凛独具特色的白葡萄酒。

## 霞多丽 Chardonnay

果实味浓厚的浑厚酒体

智利

NEW

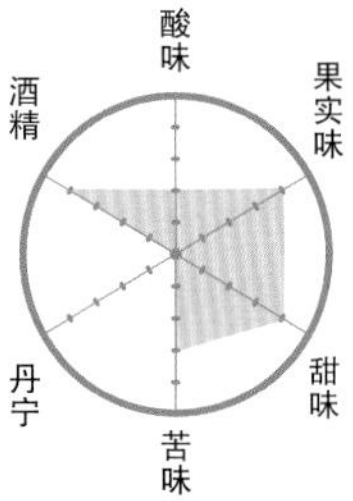


**推荐品类**

| | |
|---|---|
| 商品名 | Vina Errazuriz Estate Chardonnay |
| 产地 | 智利 |
| 生产者 | Vina Errazuriz |
| 价位 | ★ |

亲民的价位让这款智利产霞多丽具有超高性价比。多数具有热带水果一般的果实味，酸味柔和，口感上佳。使用酒桶酿造的情况下，还会散发着经过烘焙的坚果香气。

参考价位：★…1000 日元　★★…2000~2500 日元　★★★…2500 日元以上

## 酸甜比例绝佳的傲娇少年

## 雷司令

Riesling — 法国　阿尔萨斯地区

OLD

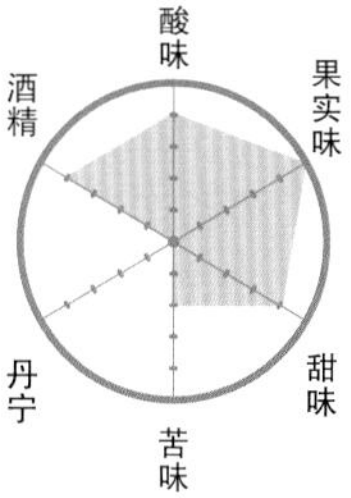


**推荐品类**

| | |
|---|---|
| 商品名 | Trimbach Riesling |
| 产地 | 法国　阿尔萨斯地区 |
| 生产者 | Trimbach |
| 价位 | ★★ |

基本上来说，虽然阿尔萨斯地区气候凉爽，但是少雨，日照丰富。所以这款酒拥有苹果和甜杏般丰富的果实香和清凛的酸味。它是一款个性明显、口感悠长的葡萄酒。

## 酸味柔和，低调的优雅

## 雷司令

Riesling — 澳大利亚

NEW

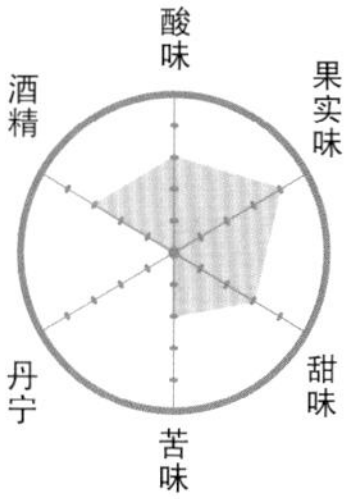


**推荐品类**

| | |
|---|---|
| 商品名 | Alkoomi White Label Riesling |
| 产地 | 澳大利亚 |
| 生产者 | Alkoomi Wines |
| 价位 | ★ |

在澳大利亚，雷司令的产地位于相对阴冷的地方。这里出产的白葡萄酒，既有熟透了的苹果香，也有爽口的酸爽滋味，可谓特征鲜明。但澳大利亚产的雷司令大多数都比产于阿尔萨斯的雷司令口感更加柔和。

## 长相思 Sauvignon Blanc

清爽清凉，线条流畅

— 法国 罗瓦尔地区

OLD

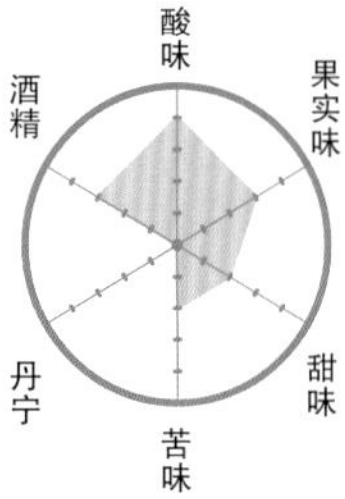


**推荐品类**

| | |
|---|---|
| 商品名 | Touraine Sauvignon Domaine Michaud |
| 产地 | 法国　罗瓦尔地区 |
| 生产者 | Domaine Michaud |

味道柔和，像西柚和洋梨一样温柔的果实味和薄荷叶一样的清凉感。但是后味清爽，就像清凛的酸味和石灰的矿物质感混合在一起。口感流畅，经典品牌是桑塞尔 (Sancerre)。

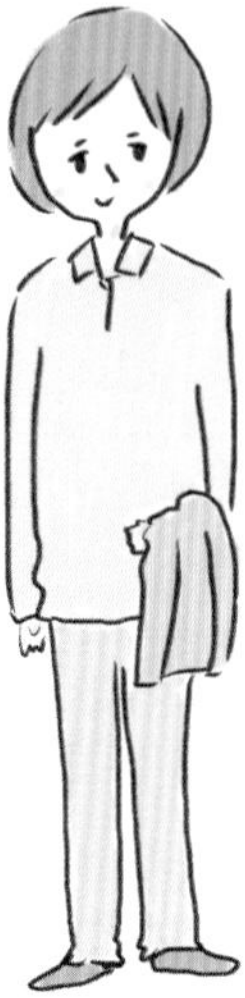

## 长相思 Sauvignon Blanc

沐浴着阳光的精神小伙儿

— 新西兰

NEW

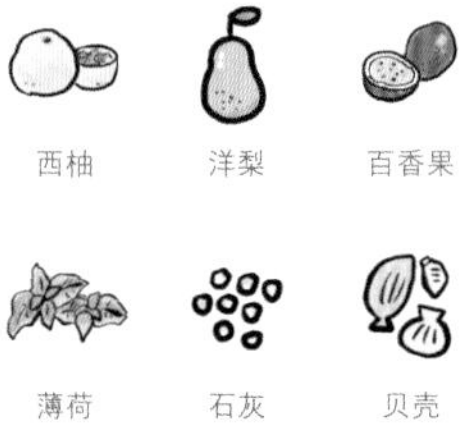


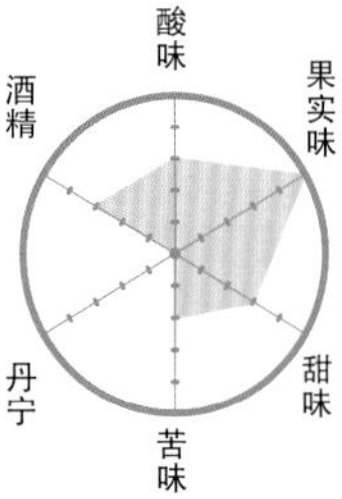


**推荐品类**

| | |
|---|---|
| 商品名 | Sileni Cellar Selection Sauvignon Blanc |
| 产地 | 新西兰 |
| 生产者 | Sileni Estate |
| 价位 | ★ |

典型的新西兰葡萄品种。比法国款更具有丰富的果实味，味道类似于成熟的洋梨和百香果，香气类似于柠檬茶那种青草香。酸味柔和润口。

参考价位：★…1000 日元　★★…2000~2500 日元　★★★…2500 日元以上

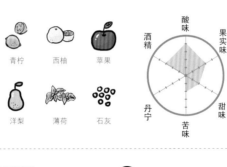

## 黑皮诺 Pinot Noir

上乘优雅，充满魅力

— 法国 勃艮第区

OLD

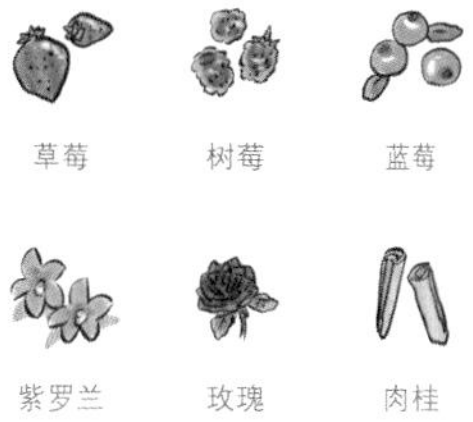


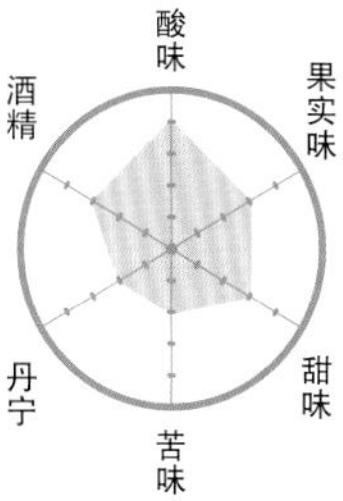


**推荐品类**

| | |
|---|---|
| 商品名 | Maison Joseph Drouhin Bourgogne Pinot Noir |
| 产地 | 法国 勃艮第区 |
| 生产者 | Joseph Drouhin |

世界上最高端的红葡萄酒“罗曼尼·康迪”(Romanée-Conti)就是用黑皮诺酿造的。果实味酷似树莓，质感上乘，具备清凛的酸味特征。口感轻盈，果香浓郁，涩味内敛，味道中充满无穷的魅力。

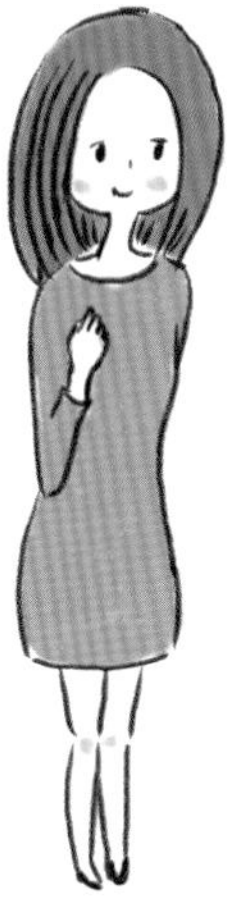

## 黑皮诺 Pinot Noir

一边竭尽优雅，一边热情洋溢

— 新西兰

NEW

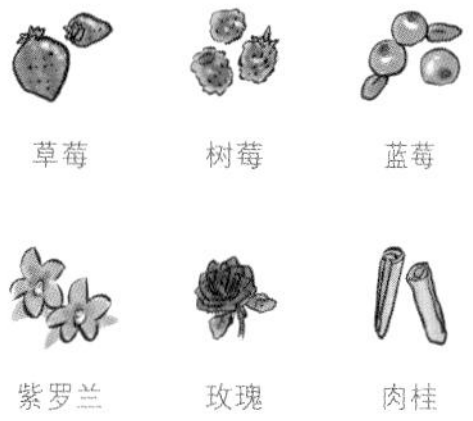


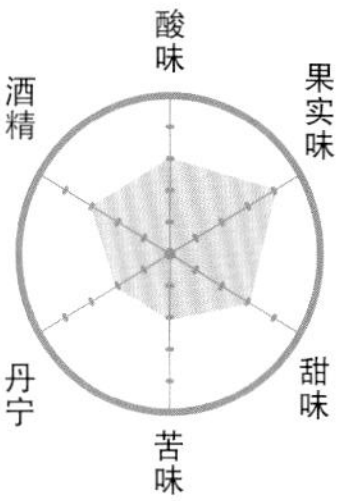


**推荐品类**

| | |
|---|---|
| 商品名 | Sileni Cellar Selection Pinot Noir |
| 产地 | 新西兰 |
| 生产者 | Sileni Estate |
| 价位 | ★ |

说到新西兰的红葡萄酒，就不能不提到黑皮诺。它性价比非常高！与勃艮第同款产品相同，口感轻盈，果香浓郁。其特征是更加明显的树莓和蓝莓香，后味散发着高雅的酸味。

## 赤霞珠 Cabernet Sauvignon

法国 波尔多地区

酸酸涩涩！回味绵长，绝不辜负期待

OLD

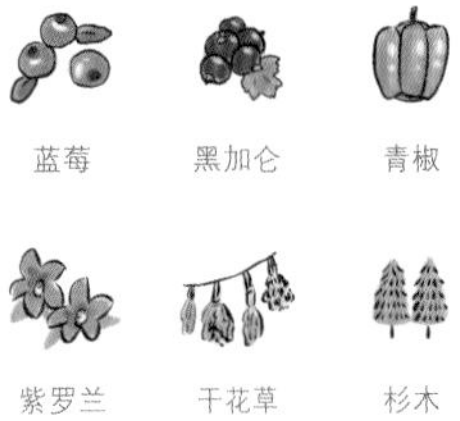


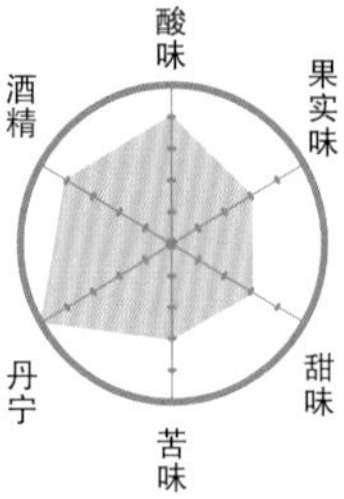


**推荐品类**

| | |
|---|---|
| 商品名 | Chateau Genins |
| 产地 | 法国　波尔多地区 |
| 生产者 | Chateau Genins |
| 价位 | ★ |

拥有莓系水果的香气，青椒、花草以及杉木那种绿色的清凉感带来扑面而来的土地感。味道里有水果自然而然的酸味，其特征是大量丹宁带来的涩味，回味绵长。

## 赤霞珠 Cabernet Sauvignon

智利

蓬松有力，果实味浓郁

NEW

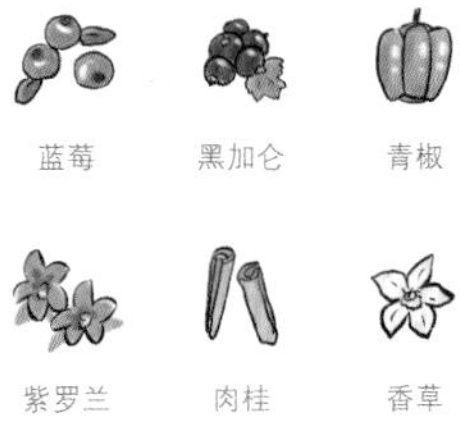


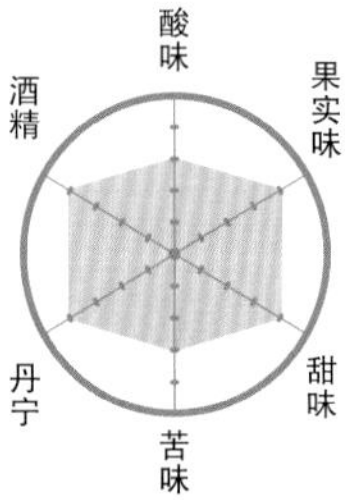


**推荐品类**

| | |
|---|---|
| 商品名 | Vina Errazuriz Estate Cabernet Sauvignon |
| 产地 | 智利 |
| 生产者 | Vina Errazuriz |
| 价位 | ★★★ |

香味有点儿像浓缩了的莓系果酱，果实味浓郁。与波尔多同款一样，有青椒和花草一般的绿色清凉感，但味道更有水果气息。涩味明显，口感强烈，拥有令人印象深刻的柔和酸味。

参考价位：★…1000 日元　★★…2000~2500 日元　★★★…2500 日元以上

## 西拉 Syrah

法国　罗纳河地区

**绝伦的性感，野性的诱惑**

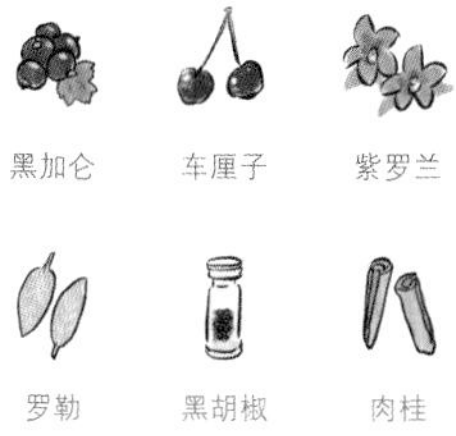


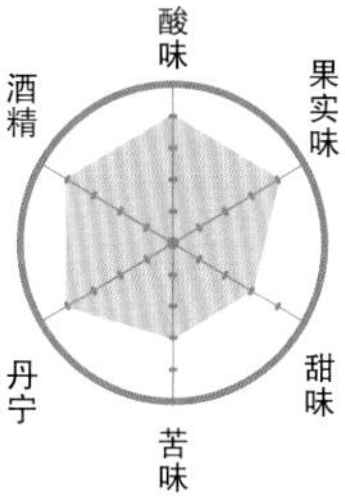


OLD

**推荐品类**

| | |
|---|---|
| 商品名 | Cotes du Rhone Vieilles Vignes |
| 产地 | 法国　罗纳河地区 |
| 生产者 | Domaine Dandeson |
| 价位 | ★★ |

不仅蕴含着成熟度极高的车厘子和黑加仑的水果香，还有华丽的花朵味道和香辛料的气息。果实味、酸味、涩味，一应俱全，有一种浓缩的美味感。

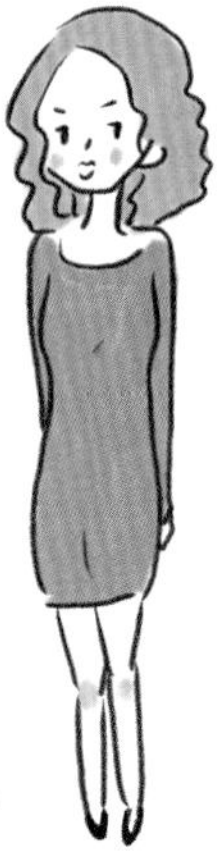

## 西拉 Shiraz

澳大利亚

**浓缩了全部精髓的强大力量**

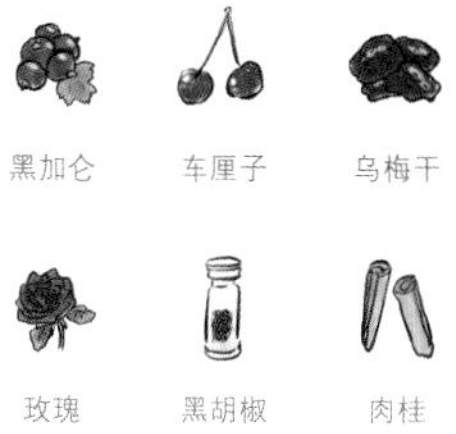


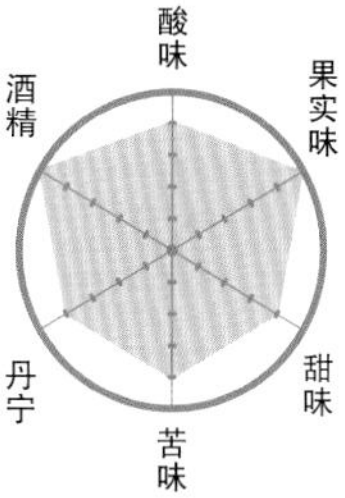


NEW

**推荐品类**

| | |
|---|---|
| 商品名 | Wolf Blass Yellow Label Shiraz |
| 产地 | 澳大利亚 |
| 生产者 | Wolf Blass |
| 价位 | ★ |

原本与法国西拉是同一品种。在澳大利亚被叫作 Shiraz，酒体更加强劲。有浓缩了的果实味，和肉桂的甘甜和香辛料带来的浓郁气息。口感极佳。

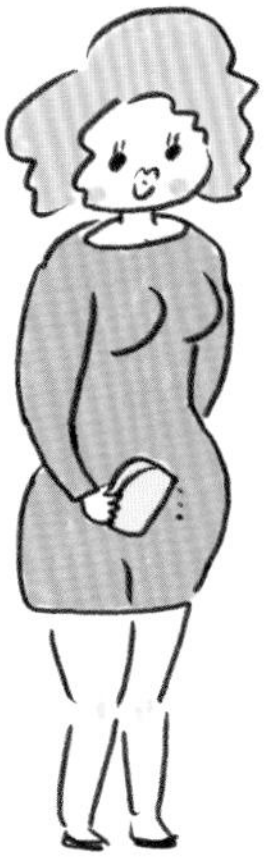

# 阅读葡萄酒标签的小窍门

如果您了解更多的小知识，就会让葡萄酒品鉴变得更有趣。在这些知识里面，不得不提“原产地保护制度”。

在欧洲各国，这个制度不仅在葡萄酒上得以应用，而且也被广泛地借鉴到了芝士、海产品、农产品及乳制品方面。这个制度，主要的目的是保护产品质量以及生产区域和生产者的品牌价值。

对于葡萄酒来说，如果想在标签上标注葡萄酒的生产地（地区、村庄、田野等）名称，有必要通过方方面面的考核，例如是否使用了指定葡萄品种，采用什么样的种植和收获方法、酿造方法等。

例如，为了将在勃艮第地区的夏布利生产的葡萄酒命名为“霞多丽”，就必须遵循这样一条规定：需选用 100%夏布利地区栽培的霞多丽葡萄。否则，即使选用夏布利的葡萄酿造葡萄酒，只要葡萄不是霞多丽品种，就绝对不可以在标签上标注“霞多丽”的字样。

市面上有一些我们耳熟能详的葡萄酒名称，例如法国的香槟和波尔多，意大利的基安帝（Chianti）、巴罗洛（Barolo）和巴巴莱斯科（Barbaresco）等。其实这些都是生产区域名称，为了以产地名称来命名葡萄酒，就必须遵循法律规定的制造方法。

而欧洲葡萄酒，通常不会在标签上列出葡萄品种的名称。即便如此，根据原产地保护制度的规定，只要知道原产地的名称，就能自然而然地掌握葡萄的品种、制造方法和熟成时间。如果你对某一个品种的葡萄特别中意，可以记住几个产地名称，以备不时之需。

就算生产者不同，只要记得品牌（原产地名称），也能八九不离十地选到中意的葡萄酒。

早在 1935 年，作为农业大国的法国率先在欧洲颁布了《原产地法》。因为当时正处于世界恐慌的阶段，全球各地都有大量假酒被生产和销售，为了与之抗衡，才不得不通过颁布新法律的手段来捍卫生产者及葡萄酒的质量。

此后，每个国家（主要在欧洲）都陆续颁布了相关法律来保护生产地区。2009 年，新葡萄酒法被颁布，随后开始在整个欧盟范围内生效。即使到了现在，一些国家特有的旧葡萄酒法和欧盟的新葡萄酒法也在并行使用当中。

法国的原产地保护制度被简称为 A.O.C.（Appellation d' Origine Contrôlée）。如果标签上写着"Appellation ○○（地名）Contrôlée"或"A.C. ○○（地名）"的话，那么 A.O.C. 名称 = 生产地名。

对于下面插图中的标签，请关注圈起来的部分。就这瓶酒而言，标注着"A.C. 夏布利"，因此是选用 100%夏布利产霞多丽葡萄酿造成的葡萄酒。

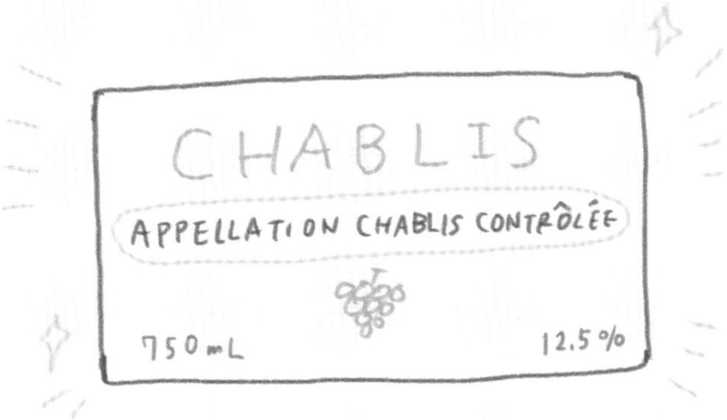

# 博若莱新酒（Beaujolais Nouveau）为什么还有解禁日呢？

每年 11 月的第 3 个星期四为博若莱新酒的解禁日。而每一年，无论是刚刚解禁的博若莱新酒搭乘飞机飞往世界各地，还是人们端着新酒举杯欢庆，都会成为当天的大新闻。

首先，“Beaujolais”是勃艮第最大的葡萄酒产区的名称，位于勃艮第的最南端。而“Nouveau”在法语中的意思是“新”。换句话说，博若莱新酒就是“在博若莱地区生产的新酒”。新酒还具有庆祝本年度葡萄丰收、检验葡萄和葡萄酒质地的意思，生产地遍布法国内外的世界各地。而世界各地，也都根据自身情况规定了博若莱新酒的解禁日。

在博若莱地区，只有红葡萄酒和桃红葡萄酒在法律上被认定为 Nouveau。也有一些其他生产地区，同样承认博若莱的白葡萄新酒。

不知道为什么，博若莱新酒在日本人气极高，日本竟然是世界上进口博若莱新酒最多的国家！据博若莱地区的人说，日本人喝的博若莱新酒要比法国人喝的还要多。的确，每年解禁日一过，我们就可以在葡萄酒商店和便利店发现博若莱新酒的身影。

秋季出售的 Nouveau 是当季新酒，所以毫无疑问只用当年收获的葡萄酿造。在博若莱地区，每年 9 月中旬是收获葡萄的季节，然后竟然在短短的 2 个月以后就出售成品葡萄酒。这意味着，博若莱新酒不同于那些在酒桶中经历漫长陈酿过程的红葡萄酒。由于酿造方法和口味不同，当然品鉴的方法也不同。

Nouveau 红葡萄酒的特点是涩味少，但是拥有葡萄本身的果香和类似草莓糖的甜美香气。希望您一定要品尝一下这款新鲜出“炉”、果香四溢的葡萄酒！

CHAPTER

第4章

# 葡萄酒和料理
# 搭配出的幸福味道！

第二天
擅自前往老师的店。
砰！！
老师！我记住3个品种了。
已经！
我做了单词本，刻苦背了下来。
刷刷刷
自信满满
这是要备考吗?
对，已经万无一失了。
那从今天开始，就能进入下一个阶段了。
下一个阶段?
结婚吧!
小激动
结合?
叮叮
咚咚

小石女士在喝葡萄酒的时候，会吃点什么东西吗？
呵呵呵
哎呀！那倒也不必……
额
无视
不知道为什么有点害羞
我不太自己做饭。
那个嘛……
在旁边的小餐馆买点煎牛排外卖，然后再买一瓶红葡萄酒，回家一边看着动画片……
幸福时光
例如智利赤霞珠。
自斟自饮也挺乐呵的
煎牛排
×
good!!
智利的赤霞珠
赤霞珠配肉，不错啊！
可是呢？
搭配的不多……
搭配？
在法语里，搭配这个词就是借用的“结婚”这个词。

# 02 搭配的守则只有两个

搭配原则
对啊！
其实搭配的时候，是有一定原则的。
只要套用以下两个公式即可。

## 两个搭配公式

### ① 相似公式

**葡萄酒与料理的颜色、味道、香气、产地相似。**

例① 味道清爽的料理搭配味道清爽的葡萄酒。
例② 含有柑橘系食材料理搭配有柑橘香气的葡萄酒。

### ② 相对公式

**吃过料理以后，利用葡萄酒的特征让口腔重新恢复清新。**

例① 味道重的料理搭配丹宁和酸味强烈的葡萄酒。
例② 油脂多的料理搭配气泡酒。

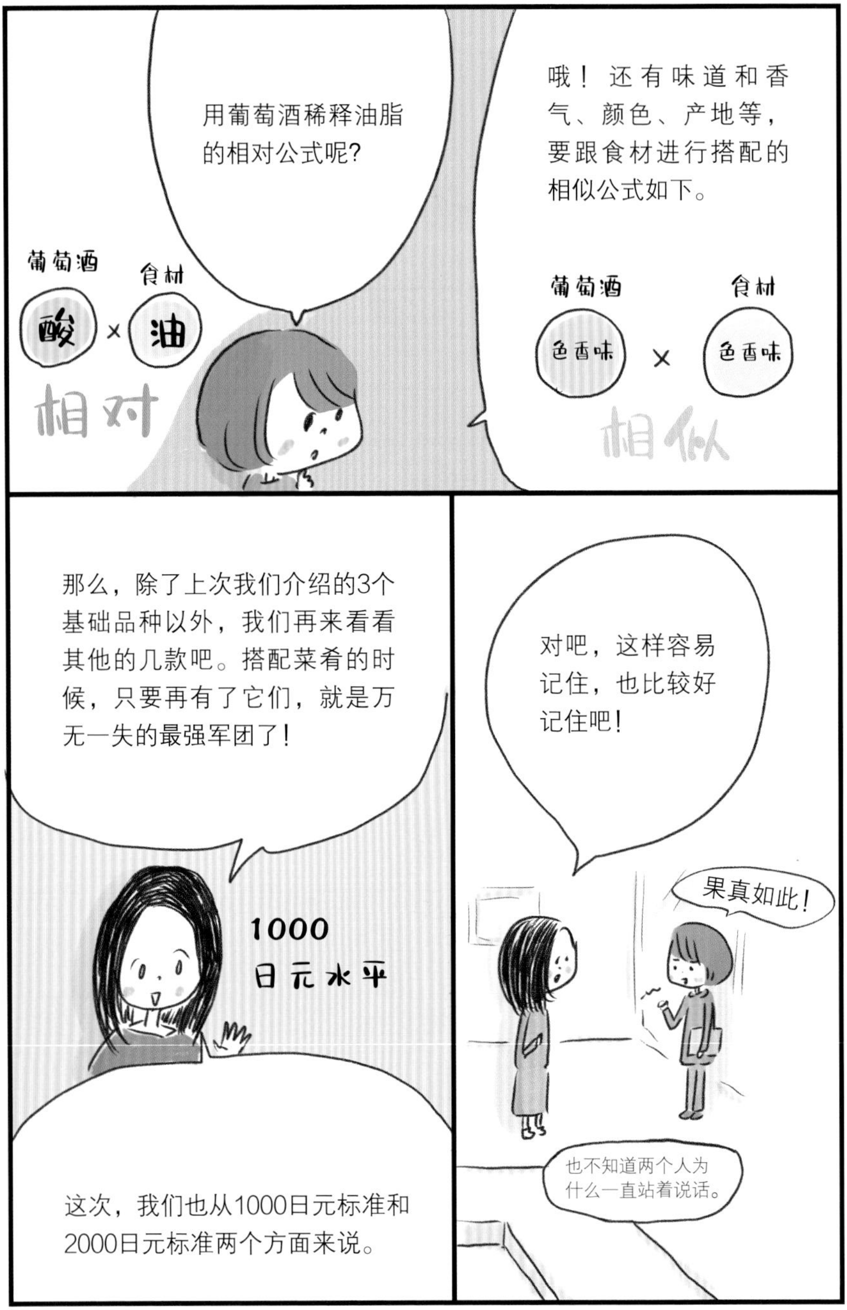
用葡萄酒稀释油脂的相对公式呢?
葡萄酒
食材
酸 × 油
相对
哦！还有味道和香气、颜色、产地等，要跟食材进行搭配的相似公式如下。
葡萄酒
食材
色香味 × 色香味
相似
那么，除了上次我们介绍的3个基础品种以外，我们再来看看其他的几款吧。搭配菜肴的时候，只要再有了它们，就是万无一失的最强军团了！
1000日元水平
这次，我们也从1000日元标准和2000日元标准两个方面来说。
对吧，这样容易记住，也比较好记住吧！
果真如此！
也不知道两个人为什么一直站着说话。

## 葡萄品种一览表

### 甲州 Koshu

日本　山梨县

口感上乘，酒体温和的日本男子

OLD

**推荐品类**

| | |
|---|---|
| 商品名 | Château Mercian Yamanashi Koshu |
| 产地 | 日本　山梨县 |
| 生产者 | Mercian 株式会社 |
| 价位 | ★ |

典型的日本葡萄酒种类。酒体柔和，果实味中蕴含着柔和的酸味，具有日本梨等独特的日本水果香。近年来，葡萄的栽培和酿造方法得到了不断的改良，酒体中的果香更加浓郁，清凛的酸味成为葡萄酒的特征之一。

### 琼瑶浆 Gewurztraminer

法国　阿尔萨斯地区

魅力在于其果香四溢的贵族香气

OLD

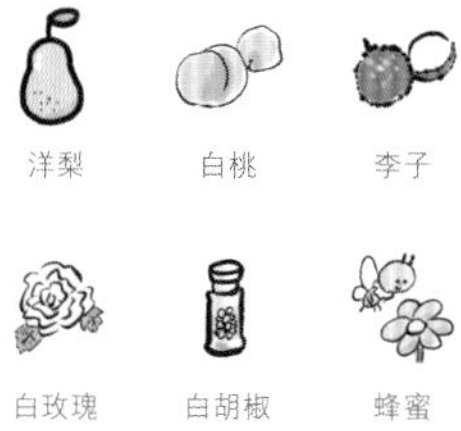


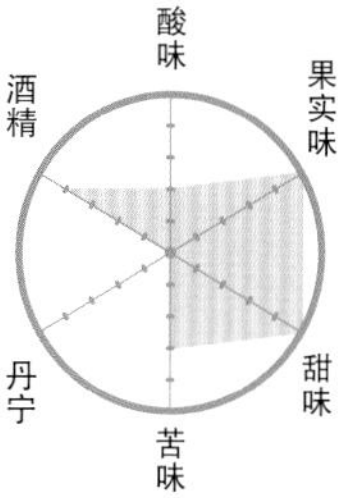


**推荐品类**

| | |
|---|---|
| 商品名 | Paul Bruckert Gewurztraminer Res erve |
| 产地 | 法国　阿尔萨斯地区 |
| 生产者 | Paul Bruckert |
| 价位 | ★ |

种植产地主要分布于阿尔萨斯和德国。天生具备荔枝的果香和白玫瑰的贵气，是一款充满浪漫气息的葡萄酒。除了宜人的辛辣，还拥有浓郁的香气，种类丰富。

参考价位：★…1000 日元　★★…2000~2500 日元　★★★…2500 日元以上

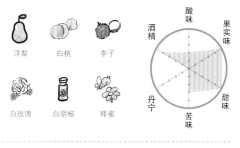

诞生于山麓之间，成熟健康的大山女孩

## 内比奥罗（Nebbiolo）

Nebbiolo — 意大利　皮埃蒙特州

OLD

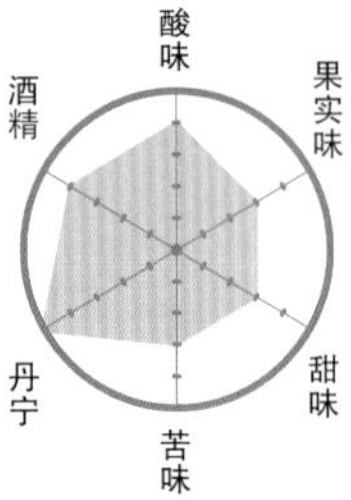

推荐品类

| | |
|---|---|
| 商品名 | Cascina Chicco Langhe Nebbiolo |
| 产地 | 意大利　皮埃蒙特州 |
| 生产者 | Cascina Chicco |
| 价位 | ★★ |

典型的意大利葡萄品种，散发着上乘的蓝莓香气和些许干花的气息。大多数酒体清透，有一种干净的酸味，后味充满涩味。

酸味和涩味都很圆润的柔和口感

## 梅洛（Merlot）

Merlot — 法国　波尔多地区

OLD

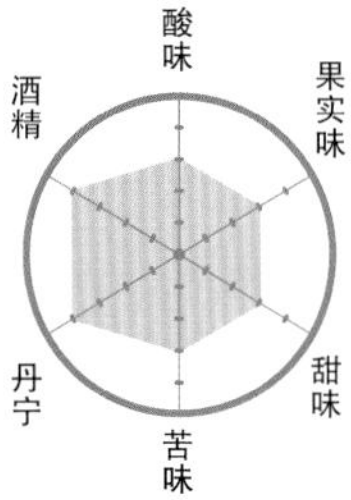


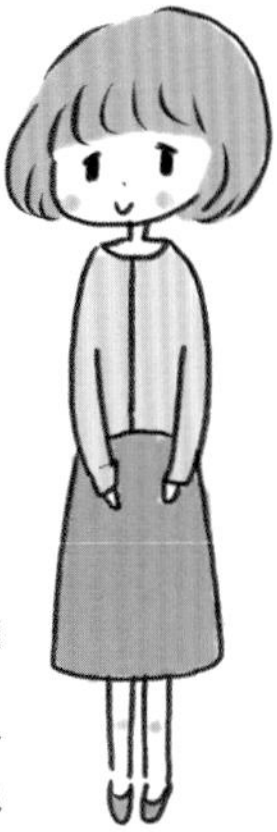

推荐品类

| | |
|---|---|
| 商品名 | Câteau de Macard |
| 产地 | 法国　波尔多地区 |
| 生产者 | Câteau de Macard |
| 价格 | ★ |

与同为波尔多原产的赤霞珠相比，给人以更加圆润的印象，散发着莓系果香。入口味道时的果香味里，夹杂着若隐若现的酸味和涩味。如果使用酒桶酿造，还会增添几分巧克力和香草的香气。

参考价位：★…1000 日元　★★…2000~2500 日元　★★★…2500 日元以上

而且味道和香气也完全不一样
这个只要1000多日元！
呀，种类又增加了！要是跟朋友一起喝、一起品尝，肯定能挺快乐。
小石的个人偏好
赤
喜欢的
黑皮诺
华丽感
不喜欢的
没有
哪个都很喜欢
白
喜欢的
霞多丽
香气怡人
不喜欢的
雷司令
酸
我准备了一些便利店、超市、百货商店地下超市就可以买到的日常菜品！
哇哦！
接下来，快点儿尝试一下各种搭配吧！

咚～
土豆沙拉
煮鱼
可乐饼
薄切生肉
（Carpaccio）
生鱼片
香辣虾球
香菜沙拉
豪——
豪横啊……
这些配葡萄酒合适吗?
合适合适
啾啾啃
香菜应该只能搭啤酒吧。
那跟这个搭配一起试试看。
长相思
×
香菜沙拉
唉

# 04 香菜与长相思的“绝妙搭配公式”

哦……
但是，跟白葡萄酒在一起的时候，香菜不臭啊。
怎么会？香菜多难吃啊！
这就是按照香味的“相似公式”来的啊！
焦虑不安
而且，这款新西兰的长相思里面有一点西柚的香味！正好充当了蔬菜沙拉里面调味汁的角色。
这是因为长相思里的绿叶系香味跟香菜的味道结合到一起了。
也就是说，因为葡萄酒带来了更多的风情，所以觉得更好吃了。
调味汁的作用。
蔬菜沙拉
是啊！是啊！
哦

## 05 可乐饼与雷司令的“爽口搭配公式”

小知识　雷司令的原产地是法国的阿尔萨斯地区，这里同时也盛产土豆。要是搭配用当地土豆做的农家菜一起品尝，简直就是人间美味。

雷司令的酸味正好中和了可乐饼的油腻感。
嘿嘿嘿！这是“相对公式”啊。
这就是搭配啊！
哈
怎——怎么会！可乐饼和雷司令都要比刚才好吃很多很多倍！
互相成就了！
可可
咚咚
恭喜！
停不下来！
停……
咀嚼
第一次见到被搭配感动成这样的人。
要跟可乐饼相亲相爱啊！
新婚志喜！！
我以前觉得你有点酸，之前对不起啊！
雷司令啊，真抱歉！原来你是个这么好的孩子呀……
摸摸
嗖嗖

## 06 无论日式还是中餐，都能跟葡萄酒搭配

小知识　甲州有种日本酒那种“清酒香”，让人感受到浓厚的香味。所以可以根据“相似公式”，与使用酱油的日本料理搭配。

竟然有适合酱油的葡萄酒！鼻子里的香气太美好啦！
!!
吭吭吭
然后是这个……
对！这个香味就是“清酒香”。
怎么回事儿……真有种日本酒的香气！
嘶~
中华
其实，有这么一款酒是专门可以配中餐的。
香辣虾球
哦？这个也？中华料理配葡萄酒？
笨嘴笨舌的！
琼瑶浆？名字有点拗口。
砰！
砰！
琼瑶浆

小知识　用虾和鱿鱼等含有矿物质成分的海产品做料理的时候，就可以考虑一下诞生于矿物质含量高的土地上的葡萄品种。如果选择了这样的葡萄酒，正好符合“相似公式”。

嚼一嚼
不情不愿。
……
咽一咽
而且用葡萄酒搭配中餐，这种连名字都说不清楚的酒啊！
怎么样?
香——香香的……
嘻嘻
完败
要是把我们学习过的白葡萄酒都用来搭配日常料理，确实就是这样的感觉呀！
整理一下
就连中餐都没落下，而且搭配葡萄酒也太有成就感了吧！
想来想去啊！
这样一来，每天正常吃饭也能搭配点葡萄酒了！

搭配的小窍门

# 白葡萄酒

| | 例 | |
|---|---|---|
| 1<br>甲州搭配日本料理和中餐 | 蘸芥末酱油的生鱼片<br>酱油味煮鱼<br>盐香八宝菜 | 相似公式 |
| | 甲州的柔和口味正好烘托了用酱油和盐调味的淡口菜肴。不仅适用于日本料理，还适用于中餐。 | |
| 2<br>雷司令搭配家庭西餐 | 芝士浓厚的焗饭<br>蛋黄酱口味土豆沙拉 | 相对公式 |
| | 菠菜培根汤 | 相似公式 |
| | 雷司令的酸味能平复乳制品和蛋黄酱的醇厚滋味以及肉类的油腻口感。当然，只有雷司令原产地阿尔萨斯地区才能吃到的地产土豆料理和雷司令也是绝配。 | |
| 3<br>长相思搭配有民族特色的料理 | 韭菜和苏子叶蔬菜卷<br>黄瓜粉丝沙拉<br>绿叶、柑橘拌薄切生牛肉 | 相似公式 |
| | 长相思中的柑橘气味和香草气息，与民族菜肴那种蓝调氛围可以完美匹配。另外，它与使用柑橘类水果（例如薄切生牛肉片）的菜肴也能搭配得很好。 | |
| 4<br>霞多丽搭配香浓的油炸食品 | 炸碎肉排<br>炸猪排<br>芝士炸鸡排 | 相似公式 |
| | 在酒桶里熟成的过程中形成的香气，和油炸食品酥脆香浓的口感是绝配！ | |
| 5<br>琼瑶浆搭配甜辣口中餐 | 甜辣虾球<br>酸甜肉丸子 | 相似公式 |
| | 琼瑶浆里的荔枝香与中餐搭配在一起的效果超群。宛如黄酒一样甘甜，紧密地包裹着香辛料的气息。 | |

**白葡萄酒要根据料理的类型来搭配！**

# 07 鸡、猪、牛等食材也能与红葡萄酒搭配在一起？

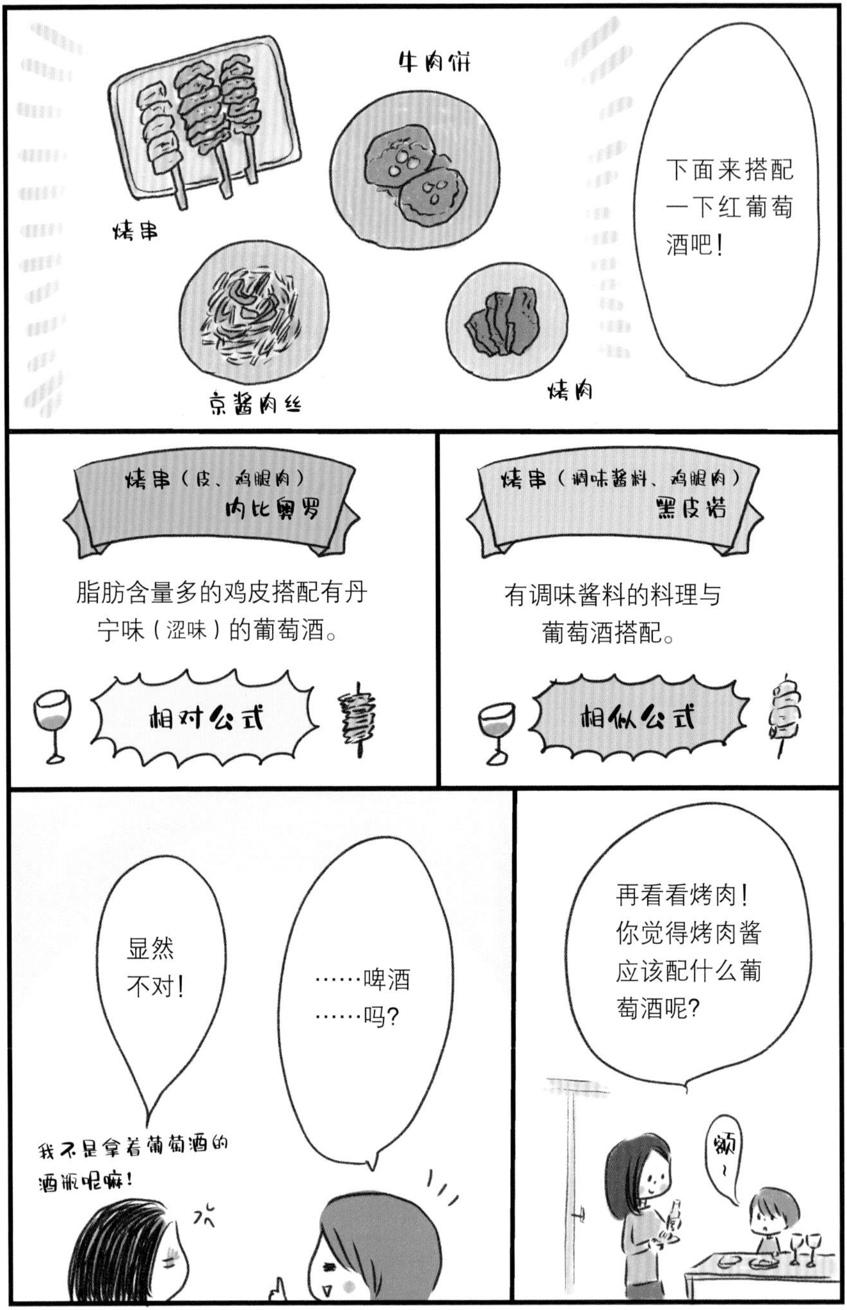


小知识

多数情况下，味道清淡的鸡肉应该搭配白葡萄酒。但是吃烤串这种味道浓重的料理时，就可以让红葡萄酒登场了。

此外，这个标签上写的东西，可是越来越高大上啦！
哦！
怎么是这个？
答案是西拉。
西拉正好有种煮果酱的甜味和香辛料味道。
相似公式
焼肉のたれ
烤肉酱既有一点甜，又有香辛料的味道，对不对？
红葡萄酒和肉类搭配，这个应该不难懂。
青椒肉丝
借助智利赤霞珠的丹宁味洗刷青椒肉丝的浓厚口味。
智利赤霞珠
青椒肉丝里的青椒味搭配智利赤霞珠的青椒味。
一石二鸟？
相对公式
相似公式

**小知识**　智利赤霞珠是一款久负盛名的红葡萄酒，在旧世界酒类当中，属于青椒香气强烈的款式，非常适合青椒肉丝。

搭配的小窍门

# 红葡萄酒

| | 例 | | |
|---|---|---|---|
| 1<br>黑皮诺搭配脂肪含量少的鸡肉、猪肉 | 烤串（鸡胸肉、调味酱）<br>酱油味炸鸡块<br>蘸调味酱吃的炸猪排 | 相似公式 |
| | 爽口的黑皮诺适合搭配又甜又香的调味酱。丹宁含量少，适合脂肪含量少的鸡肉、猪肉。 | |
| 2<br>内比奥罗搭配脂肪含量较多的鸡肉、猪肉 | 烤串（皮、调味酱）<br>猪肉末薄荷酱意面 | 相对公式 |
| | 其特征是强烈的酸味和丹宁味，能让脂肪含量多的肉类料理变得清爽。果实味和甜味较少，酒体较轻，与鸡肉和猪肉的匹配度极高。 | |
| 3<br>梅洛搭配脂肪含量中等的鸡肉、猪肉 | 番茄酱肉饼<br>使用上乘调味酱的烤肉 | 相似公式 |
| | 煎肋条、煎五花肉 | 相对公式 |
| | 梅洛拥有果实味、酸味和丹宁味，口感适中。适合搭配肉饼等脂肪含量中等的肉类料理。 | |
| 4<br>赤霞珠搭配脂肪含量多的猪肉、牛肉 | 油焖尖椒<br>有山椒的麻婆豆腐 | 相似公式 |
| | 煎牛肉粒 | 相对公式 |
| | 赤霞珠的绿系香气适合搭配以青椒为辅料的料理。另外，丰富的丹宁成分能让脂肪含量多的肉类料理变得清爽。 | |
| 5<br>西拉搭配香辛料调味，脂肪含量多的猪肉、牛肉 | 使用调味酱的烤肉<br>生姜煎肉<br>蘸调味酱吃的炸碎肉排 | 相似公式 |
| | 特征是拥有像煮过的果酱那种口感和香甜。与 BBQ 调味酱或用浓重香辛料调味的肉类料理是绝配。 | |

**红葡萄酒要根据肉类脂肪含量来搭配！**

08

## 搭配这件事儿，还远远没有结束！

小知识

在意大利语中，气泡酒叫作“Spumante”。意大利的普西哥（Prosecco）可以达到年产5亿瓶的生产量，可以说是世界上消费量最高的气泡酒。

小知识 气泡酒的甜辣度有专门的标志，普通辣口是“Brut”，进阶辣口是“Brut Nature”和“Extra Brut”，“Extra Dry”是甜口。

例如
用颜色搭配的相似公式
红泡
×
炸鸡块（酱油）
白泡
×
炸鸡块（盐）
但毕竟，还有终极搭配方式来的……
酒劲终于上来了？
嗯，真的啊！味道好极了！
咕叽咕叽
不需要一下子买1瓶红、1瓶白，只要1瓶酒……
对啊！比白葡萄酒重一些、比红葡萄酒轻一些。
还有……
额？

小知识　卡瓦兼具白色花朵的味道和飘逸的香气。曾经在香槟区进修过的人回到西班牙酿造出了这款酒，花工夫实现了在同一个瓶子里完成 2 次发酵。

小知识

在法国，法律禁止将红葡萄酒和白葡萄酒混合在一起制造桃红葡萄酒。一般来说，制造时需要把黑葡萄碾碎，连皮带籽一起浸泡出桃红色以后再过滤。

小知识　“蓝布鲁斯科（Lambrusco）”是一款典型的红泡，同时也是一款百搭高手。产于意大利北部的艾米利亚－罗马涅区。泡沫丰富，远胜于其他红葡萄酒。

# 香槟酒为什么高级呢？

“香槟”，可以说是高级气泡酒的二代名词。那么一定有人在想，“香槟”的意思是什么呢?

香槟，其实是一个法国的地名。如果在葡萄酒标签上标注了“Champagne”的话，那就意味着这瓶酒是产自法国香槟区的气泡酒，同时制造工艺满足法国葡萄酒法的规定。

这个规定涵盖了土地范围、葡萄品种、栽培和收获方法、酿造方法、熟成时间等，内容非常详尽。只有满足了所有这些条件，才能被冠以香槟的名字。

虽然香槟的价格高于其他气泡酒，但是实际上从采摘葡萄开始，其酿造工艺所花费的工夫就远远地超过了其他气泡酒。

香槟酿造方法的独特之处在于：使碾轧过的葡萄汁酒精发酵酿出静态葡萄酒（没有气泡的葡萄酒）后装瓶，然后再对瓶中的酒进行二次发酵。

这时候，酒精在瓶子里发酵产生的二氧化碳直接溶解到了液体当中，成为香槟的气泡。也就是说，香槟里的气泡不是被人为注入的，而是在酿造的过程中产生的。

发酵后，香槟在瓶子里面熟成多年，同时完成了沉淀的过程。在我们的概念里，可能觉得：“不是应该马上把沉淀物剔除掉吗？”但实际并非如此。沉淀物里面，其实是完成了发酵任务的酵母,其中含有大量氨基酸。而氨基酸则会成为香槟酒美味的来源。

所以，沉淀物跟酒体一起历经熟成的过程，能增加酒体香味，还能形成一种有点儿像面包酵母的香气。

经过好几年这样的熟成过程以后，去除沉淀物，加入糖粉等调整味道，这才最终完成了香槟的酿造过程。香槟的种类很多，而且有规定专门对不同种类的熟成时间进行了规范。

另外，很多香槟属于 No・Vintage 的，就是说不会特别指定葡萄收获的年份。

作为葡萄栽培地点之一，香槟区位于法国最北部，气候非常凉爽，所以葡萄收获情况的年度差异非常显著。用来酿造香槟的静态葡萄酒通常会被储存起来，然后每年调和出 30~50 种香槟葡萄酒装瓶。

历经漫长的熟成过程，然后才能迎来出库，所以如何设想最终的味道、如何进行调和，就要完全依赖酿酒师的手艺了。

早在 17 世纪末，当时的修道士唐・皮耶尔・培里侬（Dom Pierre Pérignon）就创建了这个调酒技术。为了纪念他，人们专门用他的名字命名了一款高级香槟——“唐培里侬”。

# 日本的葡萄酒

近来，日本产葡萄酒开始受到了海外市场的欢迎。当中有两个种类，分别是使用进口葡萄果汁酿造的葡萄酒和以日本产葡萄为原材料在日本国内生产的葡萄酒。

其实，从北海道到冲绳，几乎所有的都道府县都在酿造葡萄酒，其中可以制造葡萄酒的酒庄超过 20 间。

日本葡萄酒的酿造，可以追溯到明治初期。久负盛名的“美露香酒庄 Chateau Mercian”的前身，是于 1877 年创建的一家酒庄。据说昭和元年（1926 年）的时候，在山梨县就有 320 间酒庄，这不禁让人瞠目结舌。

说到有代表性的日本葡萄品种，当属白葡萄中的“甲州”和黑葡萄中的“贝利A麝香”。这两个品种，在 OIV（国际葡萄・葡萄酒机构）的清单上也占据着一席之地。

甲州当中的 90% 以上和贝利 A 麝香当中的 60% 以上，都出产于山梨县。甲州的葡萄籽，是鲜艳的淡紫色。其特征是味道当中包含的柑橘系的香气，味道柔和、留香持久。而所谓柑橘系香气，也属于比柠檬或青柠更甘甜的格调。

另一方面，选用贝利 A 麝香酿造的葡萄酒，会呈现出明媚的红宝石色以及草莓糖一样的甘甜。酸味清晰，丹宁含量少，所以味道柔和，口感上乘，多汁。

无论哪款，都属于个性鲜明但并不强势的类型，味道柔和，适合用来搭配日本料理。

CHAPTER

# 第5章

# 还要继续！<br>在家里享受品鉴<br>葡萄酒的乐趣！

## 01 不同的酒杯选择，会让酒的味道发生戏剧性变化！

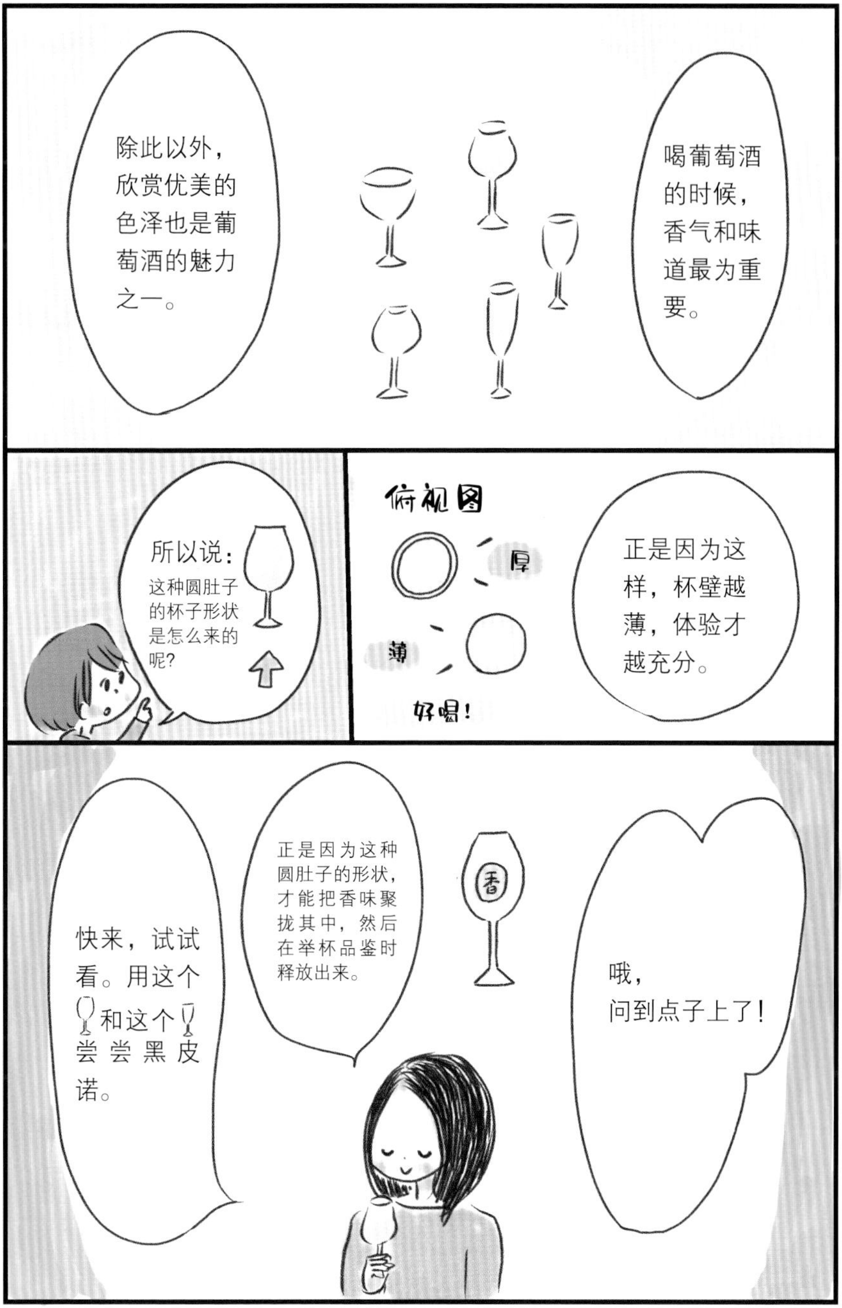


小知识　除了我们熟知的白葡萄酒的颜色以外，其实还有柠檬黄、麦秆色、金黄色、黄玉色等。可以把只有一点残酒的杯子扣在白色纸巾上分辨一下。

在品评会上，用的也是这种杯子。
其实，到现在为止，我们用的都是这种静态葡萄酒用的杯子。
太有意思了。
哇！完全不一样。
真的特别享受！
世界会变得更加广阔哦！
平时饮用葡萄酒的时候，可以试试选择能最大限度体现这种葡萄酒美味的杯子。

## 选择杯子的方法

如果想在低温状态下直接品尝，就选择直筒形。如果想慢慢品尝四溢的香气，推荐选择圆肚子形杯子。
享受香味的葡萄酒

小知识　对于品鉴杯来说，其实有国际标准规定了具体的形状和大小（容量约为220mL）。侍酒师品鉴、葡萄酒品评会的时候，就会用指定规格的杯子。

02

# 最初应该从哪种杯子开始购买呢？

## 雷司令杯 适合白葡萄酒的酒杯

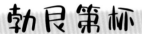

除了雷司令以外，基本通用于所有的白葡萄酒。就连桃红葡萄酒和轻口红葡萄酒也都可以用。尺寸较小，温度变化也比较小，所以用来在低温状态下品鉴葡萄酒。

## 香槟杯

直观地看到气泡从杯底“嗖”地一下升上来，视觉效果好。喝的时候也会“嘶”地一下品尝到美味的泡泡。

## 勃艮第杯

用于品鉴黑皮诺等酸味强烈的葡萄酒，作用在于让酸味更加柔和。香气可以停留在大大的圆肚子里，入口的同时可以感受到葡萄酒的香气。也就是说，适合用来品鉴味道华丽优雅的葡萄酒。

## 波尔多杯

比较而言，适用于味道清凛的红葡萄酒。例如赤霞珠和梅洛等。用来品鉴丹宁较强的葡萄酒，能让丹宁感更柔和，味道更稳定。

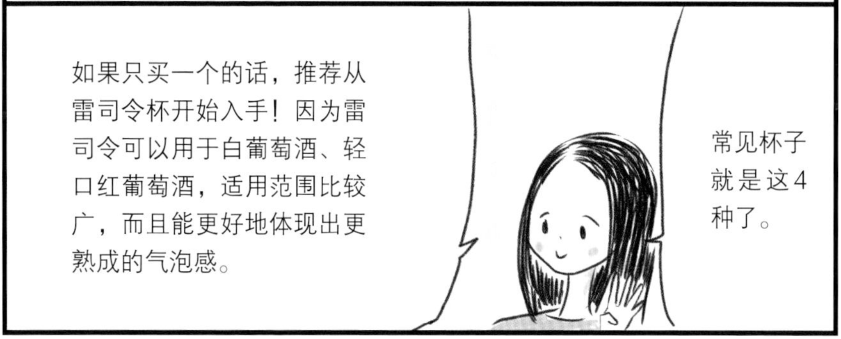

如果只买一个的话，推荐从雷司令杯开始入手！因为雷司令可以用于白葡萄酒、轻口红葡萄酒，适用范围比较广，而且能更好地体现出更熟成的气泡感。
常见杯子就是这4种了。

香槟杯！
接下来，可以买这个。
太好了！要是一口气买4个杯子还真有点儿为难呢。
放心了
不是要买那个圆肚子的红酒杯吗？
圆肚子杯更多用于"熟成"了的红葡萄酒。但是你在家喝红葡萄酒的机会很少吧？
还是最建议你买这种杯子。
何况，如果用来配你常喝的1000日元左右的卡瓦和普罗塞克（Cava and Prosecco）那种气泡酒……
搭配起来更轻松哦！

只要有这3款家用酒杯，基本上就万事大吉了。
此外，香槟杯之后，还可以考虑勃艮第杯。
说来说去，还是要凑齐4种杯子啊……
嗯嗯嗯
要是还有余力的话，可以考虑是否接着购买波尔多杯。
我其实只想买一个凑合用就行。
笑而不语
Piccolo series
价格亲民，形状可爱，特别适合用来作礼物。
我推荐的杯子，是类似图片这种杯子。杯把短小精制，不容易倒下来，而且便于存放。

## 03 保存过程中应该留意光、震动、温度

小知识　如果葡萄酒被放在太凉的地方，熟成进程就会完全停止。要是冰箱保鲜室放不下葡萄酒瓶，也要尽可能放在凉爽的地方。

## 04 如何灵活使用没喝完的葡萄酒

小知识　桑格利亚酒和苦艾酒这类加了果实、草药、香辛料等风味的葡萄酒，都可以叫作加香葡萄酒 (Flavored wine)。

# 果香四溢

## 爽口型白色桑格利亚鸡尾酒（White Sangria）的配方

【材料】
爽口型白葡萄酒 375mL
西柚 1 个
菠萝罐头 3 片
薄荷 少量

西柚去皮，水果均切成一口大小的小块，在罐子里略微腌渍，然后倒入葡萄酒。

根据个人喜好加入菠萝罐头的糖水，调整酒精度，最后添加薄荷叶。

小知识　可以加入罐头糖水、甜杏果汁、橙汁等调整甜味。用碳酸饮料稀释一下也很好喝。

# 大快朵颐

## 果香型白色桑格利亚鸡尾酒（White Sangria）的配方

【材料】
- 果香型白葡萄酒 375mL
- 柠檬 1 个
- 黄桃罐头 3 块
- 薄荷少量

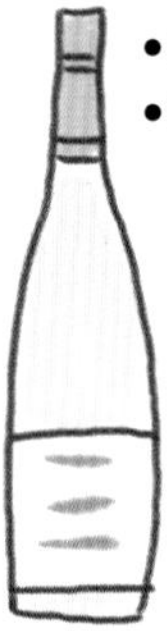

1 柠檬切半，去皮、切片。黄桃切成一口大小的小块，在罐子里略微腌渍，然后倒入葡萄酒。

2 用另一半柠檬的柠檬汁补充酸味，调和清爽口感。最后添加薄荷叶。

小知识

使用果香型白葡萄酒的时候，可以给桑格利亚酒加入一些丰满度，所以可以选择黄桃或杏等罐头水果。

# 简单而正宗！
# 红色桑格利亚酒的配方

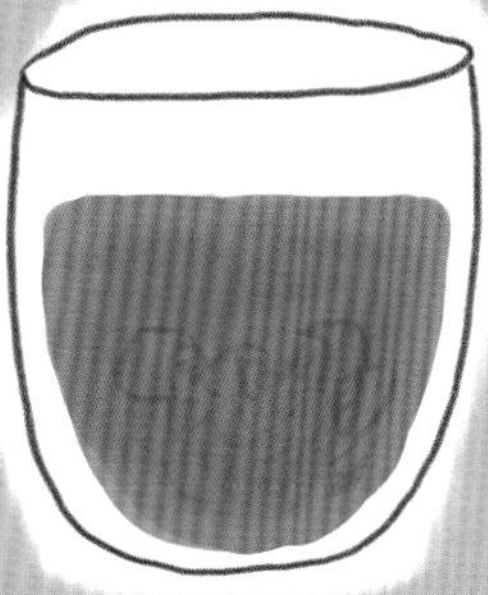

【材料】
- 轻盈型红葡萄酒 375mL
- 橙子 1 个
- 橙汁适量
- 白桃罐头 3 块

1 橙子带皮切片，白桃切成一口大小，在罐子里略微腌渍，然后倒入葡萄酒。

2 添加白桃罐头糖水或橙子，调整甜度和酒精度。

小知识　建议使用利口酒增加风味，让口感更加丰满。如果选用重口型红葡萄酒，可以多加一些橙汁来使口感更加轻盈。

## 让身体由内而外热起来

# 热葡萄酒的配方

【材料】

- 红葡萄酒 375mL
- 柠檬片 3 片
- 肉桂条 1 根
- 克罗夫（Grove）4 粒
- 蜂蜜适量

1 红葡萄酒、肉桂条、克罗夫、蜂蜜放入小锅中，小火加热。

2 根据喜好加入柠檬片，补充酸味。然后再用蜂蜜调整甜味。

小知识 还可以直接放点儿八角等香辛料。长时间加热会让酒精蒸发，请根据个人喜好调整时间。

## 来自意大利的人气鸡尾酒

# Spritz 鸡尾酒的配方

【材料】
- 气泡酒 40mL
- 碳酸水 40mL
- 金巴利 (Campari) 或阿佩罗 (APEROL) 40mL

1 取等量的 3 种材料倒进杯子里，最后加入冰块。

冰块
根据个人喜好，加入柠檬片、橙子片或果汁，味道同样惊艳。


小知识　在气泡酒的故乡意大利，大多数人会加入一些刺了小孔的橄榄进行调味。

# 05 家庭聚会的心得

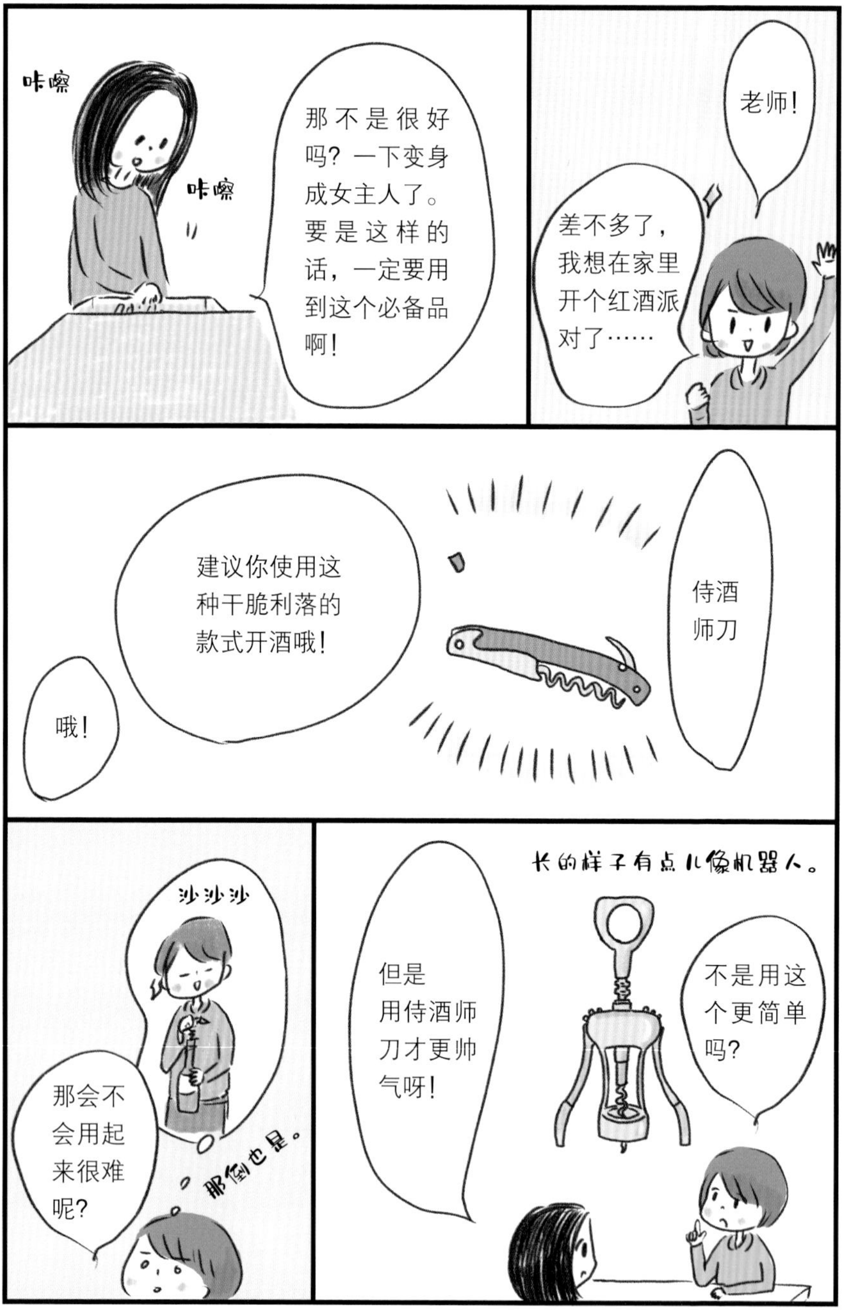


小知识 侍酒师刀的巅峰产品，当属著名的拉吉奥乐城堡酒刀（Chateau Laguiole）。这是一个法国品牌，大多数的侍酒师都会选用这个牌子的产品。

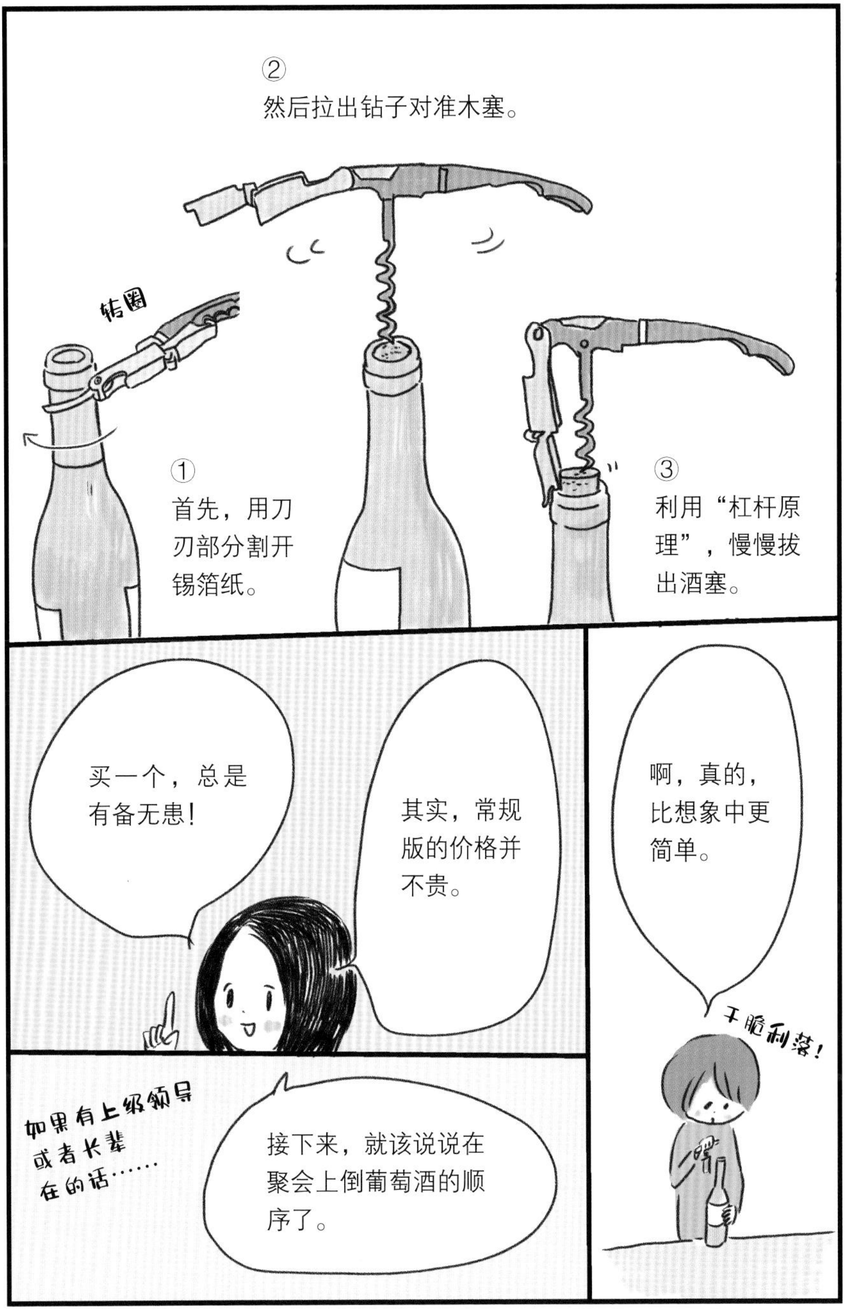
②
然后拉出钻子对准木塞。
转圈
①
首先，用刀刃部分割开锡箔纸。
③
利用“杠杆原理”，慢慢拔出酒塞。
买一个，总是有备无患！
其实，常规版的价格并不贵。
啊，真的，比想象中更简单。
干脆利落！
如果有上级领导或者长辈在的话……
接下来，就该说说在聚会上倒葡萄酒的顺序了。

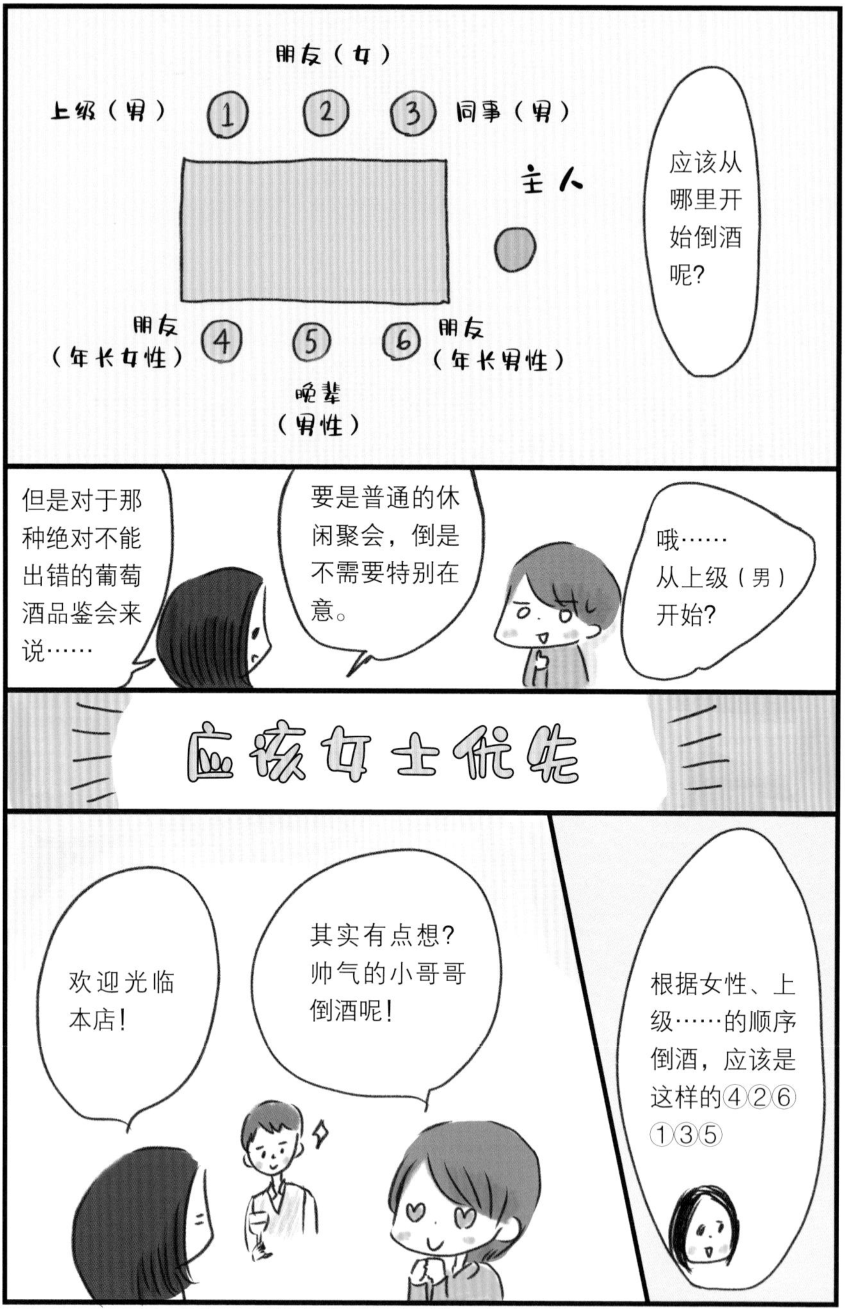


小知识 主人率先一步进行品尝的步骤，叫作“主人品尝”，目的是确认酒品的老化以及有无因为污染导致的异味。

1
2
3
4
8分
一般
刚到杯体最宽的地方
1/5
接下来，倒酒的时候哪个高度才合适呢？
高级酒店倒酒的时候，都是只有一点点啊……
嗯
所以选4？
这可不叫抠门。
正确答案是3，略低于杯体最宽的地方就好。
这是为了体现视觉上的优雅效果和最佳风味。
100ml左右吧
哦，明白其中奥妙了。
话说回来，知道应该准备什么样的酒了吗？

# 06 最适合用来作礼品的葡萄酒款式

它就是桃红气泡酒啊！
我真的觉得大家应该更多了解、更多品鉴这款酒啊！！
原——原来如此！
好大的压力！
老师推荐的桃红气泡酒！
那倒是。
预算在1000日元左右，选择卡瓦的桃红；预算在3000日元以上，选择法国气泡酒的桃红；预算在5000日元以上，选择香槟区的桃红。可以根据预算来选择。
下次一定试一试！
对啊，要是桃红气泡酒的话，就算拿到聚会上去也不会跟别人撞酒。
1000円~
CAVA ROSE
3000円~
France sparkling Rose
5000円~
Champagne
CAVA

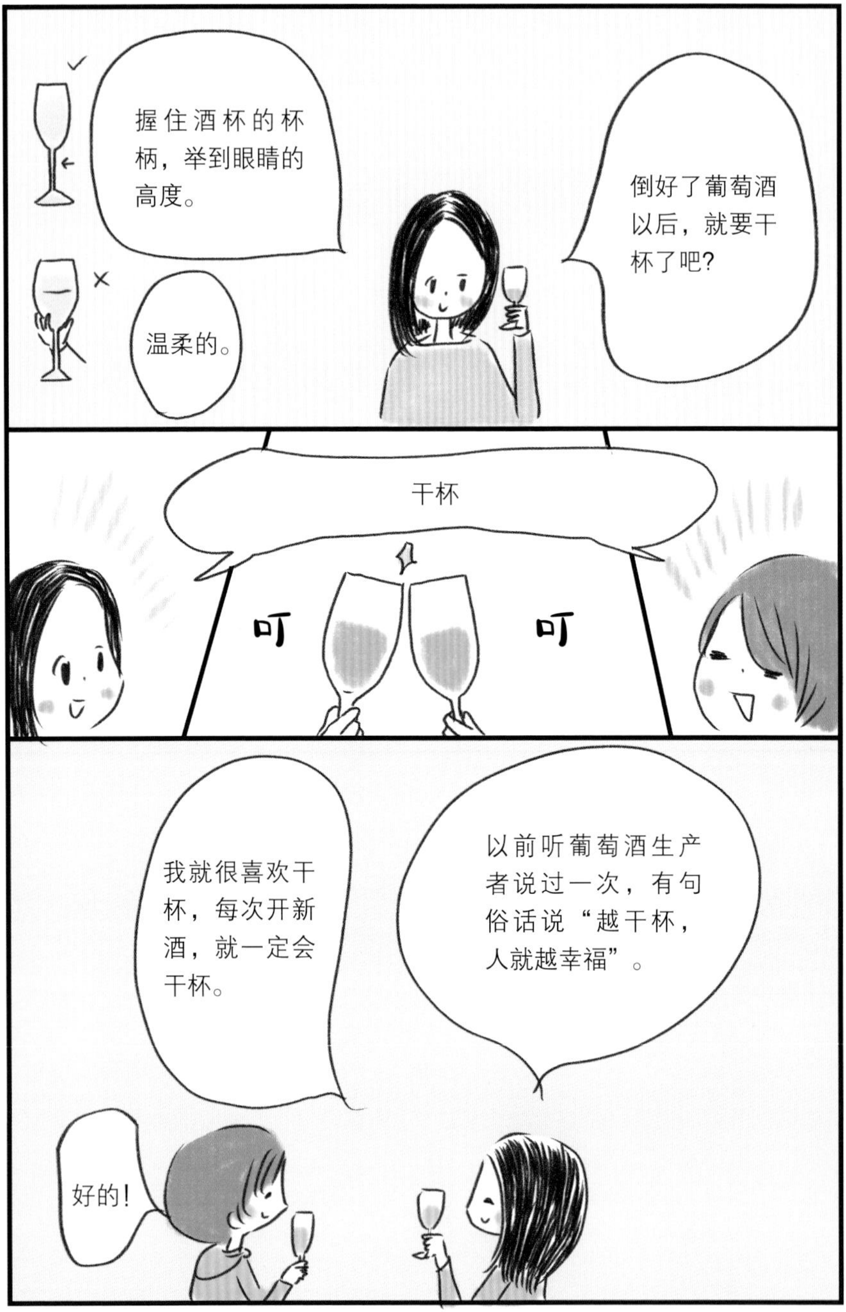
握住酒杯的杯柄，举到眼睛的高度。
温柔的。
倒好了葡萄酒以后，就要干杯了吧？
干杯
叮
叮
我就很喜欢干杯，每次开新酒，就一定会干杯。
以前听葡萄酒生产者说过一次，有句俗话说“越干杯，人就越幸福”。
好的！

告诉我！明日香老师 9

# 能搭配正餐的“万能葡萄酒”

说到可以信手拈来搭配居家饮食的葡萄酒，当属桃红葡萄酒和橙葡萄酒。如果有人说桃红葡萄酒“既不算红葡萄酒，也不算白葡萄酒”，那可是大错特错了！特别是在辛口桃红葡萄酒里面，其实兼容了红与白的优点。日式料理的柔和味道也好，煎炒烹炸出来的中餐也罢，都能与桃红葡萄酒搭配在一起。同时，桃红葡萄酒的气泡还可以很好地烘托肉食的香浓和风味，让肉脂的味道更加嫩滑。甚至与苹果醋调和以后的味道也让人赞不绝口！对于我来说，火锅和桃红葡萄酒是绝佳组合啊！

橙葡萄酒就是白葡萄酒其中的一种。白葡萄酒通常在发酵之前取出皮和籽，但橙葡萄酒则与红葡萄酒一样是带着皮和籽一起酿造而成。正是由于这种独特的酿造方法，才赋予了橙葡萄酒无与伦比的橙色和浓缩的酒体风格。

橙葡萄的产量虽然不多，但是产品却遍布世界各地。据说，其起源地正是“葡萄酒的发祥地”，而且早在公元前6000年，欧洲国家（现在的格鲁吉亚）就开始酿造橙葡萄酒了。当地把带皮和籽的葡萄果汁装进素烧酒壶里，然后埋进地里发酵、熟成。

橙葡萄酒与桃红葡萄酒一样，兼具白葡萄酒一般的清爽以及来自皮和籽的味道，所以可以搭配的食材范围非常广泛。在“白葡萄酒有点轻淡”“红葡萄酒有点浓重”的时候，请一定别忘了这两个选择！了解了这两种以后，绝对不会再因为带什么样的酒去参加派对而感到困惑了。因为它们是不会出错的选择。对于我来说，这两种酒属于“终极配餐酒”，或者说是“万能酒”，敬请一试！

# 螺栓盖只能用于便宜的葡萄酒？

说到酒塞，我们的第一印象就是软木塞。但最近使用螺栓盖的葡萄酒正在悄然增加。

包括日本清酒在内，以前瓶装饮料大多使用螺栓盖，而葡萄酒使用这种瓶盖是最近才兴起的。

葡萄酒与空气接触后产生的氧化反应，容易使酒体变质。但是因为葡萄酒需要长期的熟成过程，在这个过程中正好需要缓慢、细腻地与空气进行接触，从而实现葡萄酒的转化。因此保存葡萄酒的过程中，需要让葡萄酒与极微量的空气接触。

既能封存葡萄酒，又能让葡萄酒与极微量的空气接触的任务，最终落在了软木酒塞身上。软木弹力十足，液体难以渗透、不易腐败，所以从 17 世纪末开始就被用于葡萄酒的酒塞。

但软木的缺点在于，由于其自身的性质，可能会产生天生的异味；因质量存在差异，可能会导致葡萄酒渗漏或过度氧化等。另外，要是不小心在开酒的时候掰断了软木塞，就出现了木屑混入酒中的情况。

而利用铝合金制成的螺栓盖，则具有气密性卓越、易于开栓、可以再利用等特点。

澳大利亚是最早将螺栓盖用于葡萄酒行业的国家。2000 年，该国主要产地的生产者们对当年度酿造的葡萄酒产品批量使用了螺栓盖。以此为契机，螺栓盖的使用率慢慢上升。除了澳大利亚以外，新西兰也普及了螺栓盖。据说目前超过 99% 的葡萄酒产品都使用了螺栓盖。

而欧洲出品的高级葡萄酒，仍然以使用软木塞作为主流。尽管如此，每年转为使用螺栓盖的生产者正在陆续增加。恐怕，再也不能说“螺栓盖只能用于便宜的葡萄酒”了。

在餐厅用餐时，侍酒师在自己面前打开软木塞的样子，能让人情不自禁地充满幸福感。要是将这个场景换成咕噜咕噜拧开螺栓盖的话，好像就失去了开瓶本有的魅力。

纯天然软木的自然资源有限！从这个角度来看，减少软木塞的使用量也是有好处的。无论如何，能让美味葡萄酒保持美味的状态，才是最重要的。

除了葡萄酒行业以外，软木塞还有其他更多的用途。而支撑着全世界软木塞产业的国家，竟然是葡萄牙。据说葡萄牙制造软木塞的产量高达世界总产量的 50%。

# 应该怎么享受餐后酒?

当你能听到“餐后酒”的时候，脑海中会出现什么样的画面呢? 混合冰块的琥珀色酒体，在摇曳的酒杯里荡来荡去……差不多就是这种优哉游哉的场景吧。在法语中，餐后酒叫作“Digestif”。这是一种可以独立搭配甜点来品尝的酒。被称为餐后酒，是因为它具备餐后品鉴才能发挥的效果：在恢复口腔味觉的同时，带给刚刚被填满的胃部适当的刺激，以此促进消化，防止次日胃酸、胃胀。

在搭配餐食和酒的时候，基本原则是“轻食搭配爽口型葡萄酒，重口料理搭配浓香型葡萄酒”。如果是套餐，则可以在前菜等轻食的阶段搭配清爽型白葡萄酒，到了肉类等主菜时改为浓香型红葡萄酒。也就是说，要根据料理的节奏选择合适的酒水。

那么，在酒足饭饱以后，还能喝点什么酒呢? 这个时候，我们可以一边继续刚才意犹未尽的话题，一边品尝酒精含量高一点的甜口餐后酒。爽口一些的，有“略甜的香槟”；柔和一些但酒精含量不能太低的，有“干邑白兰地”“雅文邑”等白兰地类。另外，还可以尝试一下“雪莉酒”和“波特酒”。

另外，餐前酒叫作“Aperitif”，例如香槟和鸡尾酒等。餐前酒可以对胃部产生刺激，具有增进食欲的效果。推荐选择含有酸味和苦味，同时甜味内敛的低酒精含量品种。在餐厅里，一般的流程都是要先品一杯香槟，然后再乐享美食……回家以后，呼呼大睡就好了！

CHAPTER

# 第6章

# 试试在酒吧里点葡萄酒吧！

## 01 尝试体验一下成年人风格的葡萄酒酒吧！

嘎啦
我有预约，我是小石……
不——
不好意思
欢迎光临！
侍酒师
恭候多时，请您坐这边。
把您的外套交给我吧。
好紧张
战战
兢兢
从哪款酒开始呢？
老师不在吗？
那个
那个，从——
备忘录
偷偷摸摸

# 描述自己偏好的方法①

## 告知预算金额

告知对方例如“合计○○○元”这种具体的金额。或者指一下意向价位，告知对方“这个价位的”。
首先啊，意识模糊
*不可以意识模糊
首先要告诉对方自己的预算。
休闲风格，性价比最佳
这个比较好懂！
哈
这个的话……
找不到酒单。合计……嗯。
如果只交代“好喝的款式”“推荐款”的话，很可能出现远超预算的葡萄酒，要小心哦！
明白了！
我想要性价比高一些的酒品。

# 描述自己偏好的方法②

小知识

用白葡萄酿造的气泡酒叫作“Blanc de Blanc”（Blanc= 白），用黑葡萄酿造的气泡酒叫作“Blanc de Noir”（Noir= 黑）。

# 描述自己偏好的方法③

## 与侍酒师进行交流

# 描述自己偏好的方法④

## 不要装懂

# 白葡萄酒

1 口感轻盈、酸味清凛、容易上口的酒。

➡ 爽口长相思，法国勃艮第的霞多丽，德国的雷司令等。

2 酸味不太强烈、果实味浓厚的酒。

➡ 智利的霞多丽、法国南法地区的葡萄酒等。

3 香辛味、酸味和果实味都非常浓厚的酒。

➡ 法国阿尔萨斯地区的雷司令等。

4 喜欢浓厚口味的酒，希望酒体紧致、有酒桶香气的酒。

➡ 加利福尼亚州的霞多丽等。

5 想搭配这道菜（菜名），麻烦您推荐一下吧。

# 红葡萄酒

1 **口感轻盈、酸味清凛、容易上口的酒。**

➡ 黑皮诺、贝利 A 麝香等。

2 **酸味不太强烈、果实味浓厚的酒。**

➡ 新世界的梅洛等。

3 **没有酒桶味，酸味和果实味都非常浓厚的酒。**

➡ 法国罗纳河谷区的西拉，智利的赤霞珠，澳大利亚的西拉等。

4 **喜欢浓厚口味的酒，希望酒体紧致、有酒桶香气的酒。**

➡ 加利福尼亚的赤霞珠，澳大利亚的西拉等。

5 **想搭配这道菜（菜名），麻烦您推荐一下吧。**

## 02 通过与侍酒师对话，打开更广阔的世界

微醺
微醺
还、还有没有能跟这个搭配的小零食啊?
哈……越来越幸福了。
腌麸皮
这两个都是发酵食品，所以在店面上属于人气组合。
正适合第1杯的气泡酒!
这个腌麸皮酸酸爽爽，跟葡萄酒正好般配。
嗯嗯
怎么办好呢?
哈
嗯……
接下来品尝葡萄酒怎么样?

来一杯后藤先生喜欢的红葡萄酒吧！
好的！
勃艮第的黑皮诺。
黑皮诺！！
这款酒平衡度非常优良，柔和的酸味和透明感里面，还有一些圆润的果实味。
哇啊！酸味和果实味恰到好处！

因为平衡度好，所以跟什么搭配都不会错。
保持平衡
这款酒真是无可挑剔。
搭配猪肉火腿。
啊！
喝没了……
是啊，因为调和度到位了，所以人见人爱。
轰趴的场景也少不了它。推荐聚餐的时候大家一起喝。
刚才说喝3杯，但还是再来1杯吧！
完全交给你了！跟料理能搭调就好！
哈哈哈，我明白了。

100分，满分！
鼓掌
鼓掌
小石女士！
什么时候出现的？
老——老师！
……
一开始就在这里啊！
小石女士，您觉得怎么样？
不仅跟侍酒师交流得很到位，自己的偏好也都交代清楚了。
根据国家、土地、酿酒师……来选择葡萄酒。
那个，我们聊了好多啊！比方说法国的农场什么的……
这个嘛……

法国的微风
太阳
传递自己的偏好感觉，然后品尝完全符合自己理想的葡萄酒。就好像是在对答案一样，真是收获满满！
不仅仅是一杯葡萄酒，更好像是欣赏着酿酒师的工艺，感受着土地的风情……
丰满多汁
保持平衡
虽然我只学了一点品种和产地的知识，但是眼界开阔了不少！要是能给自己打分的话，我会打120分！
侍酒师的话特别简单易懂。

在家一边品酒，一边浏览这些小知识。
然后升级到去店里品酒。跟侍酒师交流，一起品酒的乐趣都是挺不错的体验吧！
SHop
啊……
难度好高啊！
我们的话题跳来跳去，侍酒师教了我很多事情。
就想跟侍酒师说一声……
要是可以的话，您也来一杯吧！
谢谢您！

# 侍酒师是什么人？

侍酒师，被视为“葡萄酒的专家”。在法国和意大利，这个资格属于国家资格。获得这个资格以后，侍酒师可以在餐厅等服务场所根据客人的需求给出葡萄酒和料理的搭配建议。是提供葡萄酒相关服务的专业人士。

据说，从 19 世纪开始，现代侍酒师的职业就在巴黎出现了。而早在古希腊时期，就曾存在从事葡萄酒相关服务的人，这应该就是侍酒师这个职业的原型。

侍酒师这个词，在法语里是阳性词汇。当女性从事这个职业时，会被专称为女侍酒师。

日本虽然没有相关国家资格，但是日本侍酒师协会（J.S.A.）和全日本侍酒师联盟（ANS）都可以发放得到认证的民间资格。我们简单介绍一下 J.S.A. 认证的侍酒师吧。

首先，只有满足“酒类相关职业的所有从业经验在 3 年以上，并且现在在职”的条件，才有参加侍酒师考试的资格。

就从业经验这个方面来说，包含餐厅、酒店、酿酒厂、酒类进出口、咨询业务等。虽说是民间资格，考试条件却相当严格。

从考试的顺序来说，首先要接受葡萄酒以及所有酒类相关知识的问答。这是第一次考试。然后还有第二次考试：品酒论述。最后是第三次考试：服务实践技巧。只有这三次考试全部合格，才能得到被承认的侍酒师资格。

如果没有酒类相关职业的从业经验，可以接受“葡萄酒专家”的资格考试。这也同样是被 J.S.A. 承认的资格，考试流程也大体相同，只是没有第三次的服务实践技巧考试。只要是年满 20 周岁，都具备考试资格。

在我经营的葡萄酒学校中，有类似的资格考试讲座。讲座内容就是为准备参加J.S.A. 的侍酒师和葡萄酒专家考试的人准备的。每年，备考侍酒师和备考葡萄酒专家的人数差不多一半一半。

只要开始涉足葡萄酒领域，大大小小的乐趣就会接踵而至，而且也能让葡萄酒的品鉴过程更加妙趣横生。但是，自学成才的路还是很有难度的……如果您有兴趣，请一定要尝试一下！

THE END

# 结束语

好天气！鸟语花香的
春天来了！
樱花就要开了吧！
为庆祝好
朋友跳槽
成功，我
们决定去
野餐。
这么准备一
下吧！
准备物品
法国勃艮
第霞多丽
卡瓦气泡酒
小零食
自备餐点准
备好了。
等你好久了！
嗨！
我来了！
嗨！

什么
都有
啊!
我带了
自己家
做的辣
白菜。
我烤了面包。
哇啊!看
起来好漂
亮!
融合了
白、红
两种葡
萄酒的
优势!
我还带了
杯子呢!
没关系!我
带来了百搭
款葡萄酒!
桃红气泡酒
来吧，干
一杯!
啊!稍等
一下。

干杯的时候，要“凝视对方的眼睛”。
意味着“我跟你是好朋友”。
我不知道！
你看你看，怎么盯着杯子看个没完啊?
这好像是法国的常识。
基本上可以，但是用超高级的杯子叮叮碰杯的话……总之，取决于主人啦！
在饭店吃饭的时候，总对这个有点怀疑。
这么说来，干杯的时候好像不应该碰出声音来的。
叮

恭喜跳槽成功！
干杯！
干杯！
干杯！
我以为桃红是甜口的呢，倒也不是。
好喝！
嗯……
嘿～

嗯。
这个白葡萄酒好清爽，搭配面包正合适。
不愧是法国勃艮第的霞多丽啊！
据说气候和土地不同，霞多丽的风味完全不一样。
在温暖的加利福尼亚，霞多丽里面有更多的成熟果实味。
加利福尼亚啊，好想去看看！
憧憬着法国之旅！
这就很好啊！
味道真香！

沙沙沙沙……

哈
刚才那一瞬间，怎么好像看到了法国！
我也是！
醉了？
你看，这不是勃艮第的白葡萄酒嘛！
对啊！对啊！
没有，这不正是法国嘛！
哈哈哈哈哈
为法国干杯！
叮

# 后记

我是从大学四年级开始才了解了葡萄酒真正了不起的地方。

那一次，是为了庆祝一件事，我们在教授的家里开派对。教授为我们准备了一瓶我们出生那年酿造出来的葡萄酒。那一口葡萄酒给我带来的冲击，至今难忘。

酒杯接近嘴唇那一瞬间的香气、舌头碰触到葡萄酒时散开的香味、咽下去以后眼前展现出了各种各样不同的风景，就好像踏上了机器猫的时光机，穿越到了时光隧道的另一端。那时候，萦绕不散的余香都让我短暂地恍惚了一下。

从那之后，已经过了10年的时间。我还是不能说已经足够了解葡萄酒。而且，其高昂的价格也是让我时而望而却步的原因之一。因为这本书的缘故，我有幸在明日香老师的店里和家里品尝到了很多款不同的葡萄酒。我终于明白,其实价格并不意味着一切。最近这段时间，我正沉迷于霞多丽的美味之中。

不知道你会不会相信，我对酒的想法已经变了。在我意识到葡萄酒的魅力的同时，也终于为自己选择到了合适的酒。当我意识到品尝出精酿葡萄酒中的美味给自己带来了多大的幸福时，内心受到了很大的冲击。

本书编选的时候，删掉了这样一段花絮。明日香老师说：“我最喜欢在香气萦绕的环境中睡觉。”最初听到老师说这句话的时候，我并没有什么感触。而现在,对我而言感同身受地理解了与其说“想喝酒”，不如说“希望被葡萄酒的香气包围”更合适。一瓶好的葡萄酒，会让你联想到它出生的地方的土地和气候。一边感受自然风光，一边品尝葡萄酒，就会情不自禁地想与这款葡萄酒再次相见。

感谢本书编辑，给予我获知如此幸福的机会。感谢明日香老师，浅显易懂地教给我乐享葡萄酒的方法。同时，也由衷地感谢其他给予我帮助的同仁。

干杯！

小石有华

小石有华
（KOISYUKA）
插画家和散文漫画家。同时也作为露营地协调员参与各类产品设计、广播、电视节目的录制活动。著有多部作品。

大家好！我是杉山明日香。感谢您购买这本书。

我作为葡萄酒研究家，除了经营着一间葡萄酒学校以外，还有10多年的书籍、专栏执笔经验。但像这次以漫画的形式讲解葡萄酒，还是第一次。借助小石有华女士绘制的风趣可爱的漫画，能让读者毫不抗拒地走进深奥的葡萄酒世界，这对我来说也是一个非常有趣的体验。

在我从事这个行业的过程中，经常被问到这样的问题："我很喜欢喝葡萄酒，想了解更多的葡萄酒知识，但是不知道从哪里入手。看起来有点难啊！"这并不是因为取得侍酒师这种"葡萄酒专业人士"的资格有多难，而是因为葡萄酒的种类太多了，多到让人眼花缭乱。

从白、桃红、红、气泡，到旧世界与新世界，在勃艮第和波尔多，种类也好，产地也罢，确实多得数不胜数。除此之外，还有霞多丽、雷司令、卡伯内·索维尼翁等由多种葡萄组合而成的葡萄酒类型。正是因为如此，才有很多人像小石女士一样，“翻来覆去只喝熟悉的酒”。

小石女士刚开始选择红酒的时候“主要以智利产葡萄酒”为主，后来熟悉了独具特色的白、红葡萄酒种类，接下来了解了旧世界与新世界的区别，而且视野扩展到了桃红葡萄酒和发泡酒的领域。其实在这个过程中，我们并没有努力背诵什么暗号，而是在每次边品鉴葡萄酒边乐享美食的过程中学习而已。所以，希望阅读本书的读者也能亲身体验一下，享受一下这美好的过程。

我总是说，葡萄酒是那种“越了解越快乐，越了解越好喝”的东西。一人就餐也好，家庭晚宴也好，亲友聚会也好，只要选对了用来搭配餐食的葡萄酒，就能在增进料理美味程度的同时，让话题更加活跃！在尝试种种组合的过程中，当您发现了对自己来说“最绝妙的搭配”时，心里的那种感动是无法用语言来表达的。

葡萄酒其实并不深奥难懂！请一定要放松心情，乐在其中。

杉山明日香

杉山明日香

( Sugiyama Asuka )

生于东京，在唐津长大。理论物理学博士，葡萄酒研究家。在著名的预科学校担任数学讲师一职，同时主创了名为“ASUKA L'ecole du Vin”的葡萄酒学校。担任着与葡萄酒和日本酒相关的多项顾问工作。著有多部有关葡萄酒的著作。

**图书在版编目（CIP）数据**

开始吧！一起品鉴葡萄酒 /（日）小石有华著；（日）杉山明日香编著；王春梅译. — 沈阳：辽宁科学技术出版社，2022.7
ISBN 978-7-5591-2418-0

Ⅰ. ①开… Ⅱ. ①小… ②杉… ③王… Ⅲ. ①葡萄酒—品鉴 Ⅳ. ① TS262.61

中国版本图书馆 CIP 数据核字（2022）第 024966 号

---

出版发行：辽宁科学技术出版社
（地址：沈阳市和平区十一纬路25号　邮编：110003）
印 刷 者：辽宁新华印务有限公司
经 销 者：各地新华书店
幅面尺寸：145mm × 210mm
印　　张：5
字　　数：200千字
出版时间：2022年7月第1版
印刷时间：2022年7月第1次印刷
责任编辑：康　倩
版式设计：袁　舒
封面设计：袁　舒
责任校对：徐　跃

---

书　　号：ISBN 978-7-5591-2418-0
定　　价：39.80元

联系电话：024-23284367
邮购热线：024-23280336